和田純夫

著

SUMIO WADA

物質の
究極像を
めざして

素粒子論と
その歴史

ベレ出版

はじめに

　本書は学生や一般の方向けの、素粒子物理学の解説書です。

　素粒子とは、この世界を構成する基本的な構成粒子のことです。何が世界の素粒子なのか、そもそも素粒子といったものがあるのかといった論争は古代からあり、近代科学が始まった 18 世紀からも続いていました。そして、今では誰でも認めている原子というものの存在が確立し、「原子核＋電子」という原子の構造がわかったのが 20 世紀初頭です。

　それ以降の発展は、目覚しいものがありました。アインシュタインによる光量子仮説（1905）、量子力学の誕生（1925、1926）、湯川秀樹による中間子論（1934）、クォーク模型（1964）、電弱統一理論（1967）、そしてさまざまな新粒子発見の後のヒッグス粒子の発見（2012）まで、この 100 年間は素粒子物理学の黄金時代だったと言ってもいいでしょう。

　この本は、素粒子物理学の解説書でもありながら、その歴史の解説書でもあります。数式は極力避けましたが理屈を並べることは避けませんでした。そのため、各粒子の質量（重さ）などの数値はいたるところに出てきます。その意味では教科書的な本と言ってもいいかもしれません。頭を使うことによって、皆さんに、わかったと感じていただきたいと思っています。

　ヒッグス粒子の発見によって、いわゆる 20 世紀の、素粒子の標準理論というものが確立したのですが、単に一段落付いたというだけのことで、これで終わったわけではありません。今後、何が解明されていくべきなのかは最終章で説明しますが、それらの問題を解決するために現在、最前線の科学者が行なっている「まだあやふやな」話には基本的に触れません。その一方で、20 世紀になるまでの近代科学での物質観の変遷について、簡単な解説をします。人類がもつ知の中での素粒子物理学の位置を感じてほし

いと思います。

　本書の出版を快諾していただいたベレ出版、そして編集を担当していただいた坂東一郎氏に深く感謝いたします。世界は現在、この本を執筆したとき（2020 年初頭）には考えられなかった事態になっています。素粒子物理学、出版界、そして日本を始めとした人類社会全体が、これに負けずに発展していけることを願っています。

2020 年 8 月

和田 純夫

本書に登場するギリシャ文字

α	アルファ	ρ	ロー
β	ベータ	τ	タウ
γ	ガンマ	ϕ	ファイ
λ	ラムダ	ψ	プサイ
μ	ミュー	Δ	デルタ（大文字）
ν	ニュー	Υ	ウプシロン（大文字）
π	パイ		

CONTENTS　物質の究極像をめざして　素粒子論とその歴史

第7章

99 粒子の生成と消滅／質量エネルギー

第8章

素粒子物理学の誕生

115 湯川の中間子論

第 1 章

原子から素粒子へ

「物質は原子からできている」

　リチャード・ファインマンは20世紀に活躍した偉大な物理学者の1人であり、その魅力的な人格やエッセイでも知られています。彼は、文明の滅亡が避けられなくなり、また蘇るかもしれない人類に一言だけ遺言を残すとしたら何を選ぶかという質問に対して、「物質は原子からできている」と伝えたいと答えたそうです。

　固体、液体、気体といった物質がなぜ存在し、なぜこのような振る舞いをするのかを説明するのも、あるいはなぜ自然界にはさまざまな種類の物質が存在し、さまざまな変化（化学反応）をするのかを説明するのも、物質が原子から構成されているということが出発点となります。

――― 図 1-1 • 固体・液体・気体の違いの直感的説明 ―――

固体　　　**液体**　　　**気体**

原子が整然と並ぶ　原子（分子）が乱雑に詰まっている　原子（分子）が分離して飛び回っている

原子核と電子

　物質は原子からできているという発想自体は古代ギリシャからあったようですが、その当時の原子とは、これ以上、分解できないものというイメージでした。原子とはアトム（atom）の訳語ですが、これは、tom（分割）という単語に否定の接頭辞aを付けたものです。

　これに対して、さまざまな紆余曲折の後に20世紀になってやっと登場した正しい原子像によれば、原子とは、**中心に原子核があり、その周囲に1個、あるいは複数の、場合によっては数十の電子が動いている**という構造をもったものでした。水素原子、炭素原子、酸素原子、鉄原子などさまざまな原子が存在しますが、その違いは**周囲で動く電子の数の違い**に起因することもわかりました。

　それらの原子を電子の数の順番に並べると右のような表になります。電子1個の水素H、2個のヘリウムHeが、この本で最も重要な原子です。

　原子の大きさも、古代ギリシャ人には想像もつかなかったものでした。

—— 図1-2 • 原子の表 ——

記号	名	電子数	記号	名	電子数
H	水素	1	Na	ナトリウム	11
He	ヘリウム	2	Mg	マグネシウム	12
Li	リチウム	3	Al	アルミニウム	13
Be	ベリリウム	4	Si	ケイ素	14
B	ホウ素	5	⋮	⋮	⋮
C	炭素	6	Fe	鉄	26
N	窒素	7	⋮	⋮	⋮
O	酸素	8	Au	金	79
F	フッ素	9	⋮	⋮	⋮
Ne	ネオン	10	U	ウラン	92

数グラムの物体の中に、10の24乗個（10^{24}個）レベルもの原子が存在すると推定されるようになったのは19世紀後半のことでした。これは、原子1個の大きさが、10のマイナス7乗mm（10の7乗分の1mm）であることを意味します。

　さらに驚くべきこととして、その中心にある原子核の大きさは、**原子の大きさの10万分の1程度**といったものであることもわかりました。その周囲に存在する電子は現在、大きさのない粒子（大きさが考えられないほど小さな粒子）と考えられているので、原子といっても中はすかすかだということです。原子の大きさが何々だというのは、原子核と電子の間隔が平均としてその程度だという意味なのです。それだけの大きさの、中が詰まった球があるわけではありません。ただし原子核のほうは後で説明するように、中は詰まっています。

　たとえ話で大きさのイメージを説明してみましょう。原子と原子核の大きさは5桁違うので、たとえば原子を直径1cmのビー玉にたとえれば、原子核は大きさ0.0001mm（0.1 μm（マイクロメートル））の、ウイルス程度の大きさになります。また、原子と野球のボールの大きさは9桁違うので、原子をビー玉にたとえれば、野球のボールは地球に相当します。

──────── 図1-3 • 原子をビー玉にたとえると ────────

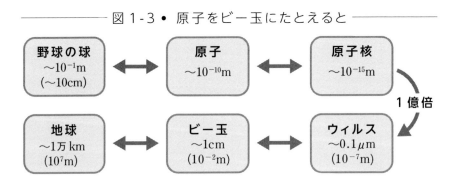

原子はこんな小さな（ミクロな）世界なのですから、我々が日常的に観測されている世界とは、物理法則も基本的に異なっているとしても不思議ではないでしょう。そして実際、その通りでした。量子力学という新しい学問が登場するのですが、それについては第6章で説明します。

$$\left(\begin{array}{c} \text{中性子} \quad \text{陽子と} \end{array} \right)$$

原子核の存在がわかってから間もなく、原子核は単独の粒子ではないことがわかりました。原子核は一般に、**陽子**幾つかと**中性子**幾つかが、非常に小さな領域に硬く結合したものであることがわかりました（水素の原子核だけは例外で、陽子が1個だけ）。陽子と中性子は原子核を構成している粒子という意味で、まとめて**核子**と呼ばれます。質量（重さ）も非常に近く性質も似た、同じグループに属する粒子ですが、以下で述べるように、1点だけ重要な違いがあります。

この本ではこれから多数の粒子が登場しますが、それぞれの性質に基づき分類されます。もちろん、それぞれの粒子は異なる性質をもっているから別の粒子と呼ばれるわけですが、似た性質に着目してグループ分けすることも、全体像をつかむ上で非常に重要です。

それはともかく、同じグループに属する陽子と中性子の違いは、電荷です。ここで簡単に、電気力ということを説明（復習）しておきましょう。

静電気（摩擦電気）という現象は誰でも知っているでしょう。電気（正

確には電気量あるいは**電荷**といいます）にはプラスとマイナスがあります。物体を摩擦すると、一方の電荷がプラス、他方の電荷がマイナスになり（電気を帯びる、つまり帯電するといいます）、引き付け合うようになります。またプラスに帯電したものどうしを近付けると（あるいはマイナスに帯電したものどうしを近付けると）、反発します。これらの力を総称して**電気力**と呼びます。

　摩擦電気の根本原因は（摩擦によって移動した）電子の電荷です。電子は電荷という性質をもっており、それを数値で表すとマイナスです。電荷とは粒子がもつ諸性質のうちの一つです。具体的な大きさは表し方（単位の選び方）によるので省略しますが、電子の場合、$-e$、あるいは単に -1 と書きます（e は電子のもつ電荷の絶対値を表します）。

　それに対して、原子核中の陽子はプラスの電荷 $+e$（あるいは単に $+1$）をもちます。したがって、陽子から構成されている原子核と、その周囲にある電子は電気力によって引き付け合います。その結果として、原子という1つの集団を構成するわけです（中性子は電荷をもちません）。

　原子の種類の違いも電荷によって説明できます。たとえば8個の陽子をもつ原子核があったとしましょう（酸素原子の原子核です）。その原子核は、電気力によって電子を8個まで引き付けます。8個の陽子があるので原子核の電荷は $+8$、そして8個の電子を引き付ければその電荷は -8 ですから、全体として電荷は0になります。つまりそれ以上は電子を引き付けないので、安定した状態になります（ただし電子が少し余分なもの、あるいは少し欠けているものもあり、イオンと呼ばれます。それらは周囲の状況によっては安定したものになりますが、それは化学の話になり、この本では深入りしません）。

　このように、自然界に存在するさまざまな原子の違いが、電子と（原子

核中の）陽子の数の違いとして説明できるようになりました。ただ同時に、疑問も生じることに気付いたでしょうか。原子核内には、陽子とほぼ同数の、電荷をもたない中性子という粒子が存在しますが、それらはなぜ、何のために原子核内にあるのでしょうか。また、プラスの電荷をもつので互いに反発するはずの複数の陽子がなぜ、原子核という、非常に狭い領域の中に集まっていられるのでしょうか。電気力だけでは説明できない何かがあるようです。これらの疑問に答えることが新しい素粒子物理学という学問の出発点になったのですが、その答えは第8章までおあずけとします。

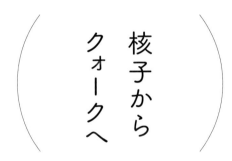

核子から
クォークへ

　原子核が陽子と中性子から構成されていることは1930年代からわかっていました（中性子の発見は1932年）。では、陽子や中性子は「素粒子」と呼んでいいのでしょうか。

　素粒子（elementary particleあるいはfundamental particle）とは、物質を構成する、これ以上分解できない、基本的な構成粒子のことです。その意味では、電子や原子核の存在がわかるまでは原子が素粒子だったわけですが、現在では、電子はともかく原子核は素粒子ではありません。では、原子核を構成する核子（陽子と中性子）は素粒子なのでしょうか。

　実際、中性子が発見されてから30年近くは、そうだと思われていたようです。しかしそう考えると理解しづらい現象が幾つか発見されてきました。

そして核子は、さらに基本的な粒子（クォークと名付けられました）が3個集まった、複合粒子であるという提案がなされ、これもさまざまな紆余曲折があった後に、現在では万人が認める説になっています。

—————————— 図1-4 • 原子核の中には？ ——————————

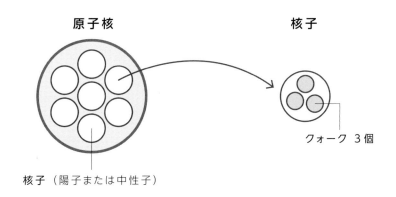

クォーク説が簡単には認められなかった最大の理由は、クォークという粒子が発見できなかったからです。存在するのに発見できない（つまり単独では存在しない）理由を理論的に説明することが難しかったのですが、1970年代に量子色力学という理論の登場によって、問題は（ほぼ）解決しました。これについては第11章で詳しく説明します。いずれにしろ、核子は素粒子ではなく、**クォークこそが素粒子である**というのが、現在の素粒子の標準理論です。クォークとはどんなものかという説明は第10章でします。

一方、電子について言えば現在でも、少なくともクォークと同じレベルで、素粒子であると思われています。もちろん学問の発展につれて将来、クォークや電子でさえも、素粒子ではなかったということになるかもしれませんが。

その他の素粒子

——ミュー粒子とニュートリノ

　電子とクォーク以外にも、現在、素粒子と呼ばれている粒子は、十数種、あるいは（数え方によっては）数十種類もあります。それらは原子内には存在しないものがほとんどですが、自然界には厳然として存在します。ただし、いったん生成されても、他の複数の、より軽い素粒子に変わってしまうもの（崩壊するといいます）も、そうではないものもあります。粒子が生成や崩壊（消滅）するというのも、20世紀になって登場した新しい物質観です。物質とは不変なものなのか、それとも転換しうるものなのかは古代からさまざまな考え方が主張されてきたようですが、「物質は不変ではない」というのが現代の確立した考え方です。といっても、物質の変換（粒子の生成・消滅）には、一定の厳格な規則性があり、それを明らかにすることが素粒子物理学の最大の目標の一つです。そして、そもそも自然界にはどのような素粒子が存在するかということを明らかにするのが、もう一つの目標といっていいでしょう。

　それはともかく、電子とクォークのほかにどんな素粒子があるのか、少しだけ紹介しておきましょう。

　比較的、早くから発見された粒子として、**ミューオン（ミュー粒子**あるいは **μ粒子）** があります。一般に「オン」とは粒子を表す接尾語です。

　一言で言うと、ミュー粒子とは電子の重いバージョンです。性質が電子

と似ているが、質量（重さ）は電子の200倍程度、核子の10分の1程度という粒子です。これは、宇宙線実験の中で発見されました。

　宇宙線とは、宇宙から地球に飛んでくる粒子（通常は陽子）のことを言います。高速で非常にエネルギーの大きなものもあり、それが地球に近づき大気中の原子に衝突すると、自然界には普通には存在しない粒子を生成することがあります。それを霧箱などで検出するのです（霧箱とは特殊な状態にした水蒸気（過飽和状態）を入れた箱で、電荷をもつ粒子が通過すると、その軌道に沿って水滴が生じます）。

　ミュー粒子は一定の時間の後に、電子と2個のニュートリノ（後述）に崩壊します。しかしなぜ、このような粒子が自然界に存在するのか、その理由は長い間、わかりませんでした。しかし1970年代になり、すべての素粒子には、似たような性質をもつ、ただし質量が違う相棒が3つずつあることがわかってきました。現在ではそのことを、素粒子には**世代**が3つあると表現しています。詳しいことはまた後で説明しますが、ミュー粒子は第二世代の電子だったということです。ただし世代が3つある理由は、依然としてわかっていません（仮説はあるようですが）。

　素粒子物理学の解説の中でよく出てくる粒子として、**π中間子（パイオン）**というものがあります。これは原子核の内部で働いている力を説明するために、湯川秀樹が1934年に存在を予言した粒子で、実際に1947年に発見されました。ただしπ中間子は核子と同様、現在は素粒子ではなく、クォーク2個（正確にはクォークと反クォークが1個ずつ）が結合した粒子であることがわかっています。湯川の中間子論については、素粒子物理学の出発点として重要なので、第8章で詳しく解説します。

　もう一つの忘れてはならない素粒子として、**ニュートリノ**があります。ニュートリノは電荷をもたず、質量はほとんどゼロ、他の粒子とほとんど

反応しない粒子です。これは1930年に存在が予言され、1956年に原子炉を使った実験で存在が確認されました。その経緯については第9章で説明します。

　一つだけ説明しておくと、ニュートリノは太陽が核融合で燃えているときに同時に生成しています。そして太陽からは光ばかりでなく多量のニュートリノが地球に、そして我々の体にも絶えず、降り注いでいます。ただし他の粒子とほとんど反応しないので、地球さえも簡単に通り抜けてしまいます。だから我々はニュートリノを浴びていることをまったく意識しないで生活しているのですが、非常に大きな装置を用意するとその中で、まれに反応を引き起こすことがあります。それを使って、ニュートリノの存在を確認し、またその性質を研究するのです。ニュートリノも、他の素粒子と同様に3種類あることもわかっています。

　他にも、比較的最近（20世紀後半）発見された幾つかの素粒子がありますが、素粒子の法則を説明する中で、少しずつ紹介していきます。それらはそれぞれ、自然界の法則の中で重要な役割を果たしていることがわかるでしょう。

　しかし素粒子の法則の説明に入る前に次章では、その準備段階として（素粒子物理学が始まる）、20世紀以前に、自然界の物理法則について何がどこまでわかっていたのか、その簡単な復習から始めることにします。

第1章で登場した粒子名

　これからも、さまざまな粒子が登場します。混乱しないように、これまで登場した粒子をまとめたので、確認しておいてください。

核子	陽子と中性子の総称。原子核を構成している粒子
陽子	核子のうち、プラスの電荷（$+e$）をもっているもの
中性子	核子のうち、電荷がないもの（電気的に中性）
クォーク	3個集まって核子を構成している粒子（第10章）
π中間子 （パイオン）	湯川秀樹が原子核内で働く力を説明するために、 その存在を提唱した粒子（第8章）
電子	原子核の周囲で動いている粒子。マイナスの電荷（$-e$）をもち、核子よりも圧倒的に軽い（約2000分の1）。
ミューオン （ミュー粒子）	重い電子、第二世代の電子（第12章）
ニュートリノ	電気的に中性。非常に軽い。ほとんど反応を引き起こさない。太陽から多量に生成（第9章）

第 2 章

近代科学の確立 I

ニュートンと
万有引力

近代科学がなしとげたこと（まとめ）

　本書のメインテーマは、20世紀になってからの、新しい物質像の展開です。しかし近代科学は20世紀になってから始まったわけではなく、17世紀のガリレオやニュートンらの活躍から始まったと考えるべきでしょう。そこで、20世紀以前の近代科学はどのような物質観をもたらしたのか、ここからの3章でおさらいすることにします。

　最初に全体像を頭に入れてもらうために、ここからの3章で話すことをまとめておきましょう。

物体はどのように動くか（力学と万有引力）　天動説から地動説への移行は、物体の運動の見方を根本的に変えることになりました。また、万有引力（重力）の発見は、地上の法則と天体の法則が同じであるという、物理法則の「統一」への第一歩となりました。（ニュートン）

何が元素なのか　何が「元素」であるかについての考えが、根本的に変わりました。水や空気は元素ではなく、水素や酸素が元素であると主張されるようになります。（ラボアジェ）

原子は実在のものか　原子は実在のものなのかという論争が続きました（原子論対反原子論）。原子論が勝利したのですが、原子の構造については疑問が残りました。

熱とは何か　熱自体は物質ではなく、原子の動きであることが明らかになり、熱を力学的に考える見方が確立しました。同時にエネルギー保存則と

いう考え方も確立します。

光とは何か　光は粒子ではなく、電磁波という（電場・磁場の）波であることもわかりました。（マクスウェル）

ただしこの見方は 20 世紀になり修正されます。

この章ではまず、ニュートンの力学（別名、古典力学）の話から始めましょう。

地動説がもたらした発想の転換

物体の運動の問題を扱うのが力学です。そして近代的な力学という学問を確立したのが、ニュートンが1687年に出版した『プリンキピア』（原理という意味）という書籍でした。ラテン語で書かれた本ですが正式名は日本語で『自然哲学の数学的諸原理』となります。物理学が哲学の一分野であったことがわかります。

この本が書かれた動機は、太陽系の惑星の運動を、「万有引力の法則」という原理から説明することでした。しかしそれだけではなく、この法則を使うための土台として運動一般の法則を確立し、さらに地上の物体の振る舞い（たとえば木から落ちるリンゴの運動）も、天体の力学と同じ万有引力の法則によって説明するという、壮大な構想をもって書かれた本でした。

この時代は、コペルニクスが地動説（太陽中心説）を提唱してから100年余り経過し、支持を広げていった頃でした。また、惑星の運動に関する

精密な観測データを使って、ケプラーが三つの法則を提唱してから半世紀ほど経過した頃でした。**ケプラーの三法則**とは、

第一法則 惑星の軌道は（円ではなく）楕円である。

第二法則 面積速度は、軌道上のどこでも一定である（図 2−1 参照）。

第三法則 惑星の「公転周期の 2 乗／半径の 3 乗」という比は、惑星によらない定数である。

の三つです。

──────── 図 2-1 • 面積速度一定とは ────────

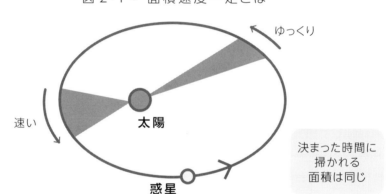

ゆっくり

速い

太陽

惑星

決まった時間に
掃かれる
面積は同じ

　第三法則の例として、木星を考えてみます。木星は太陽の周りを11.86年かけて一周します。つまり周期は地球の11.86倍です。また木星の軌道の半径（厳密には長半径……楕円の長いほうの半径）は地球の5.198倍です。これを第三法則の式に当てはめると

　　　（11.86 の 2 乗）÷（5.198 の 3 乗）＝ 1.001

ほぼ完全に 1 と言っていいでしょう。他の惑星についても同様です。

　ケプラーの主張は、古代ギリシャからの伝統的な考え方（主としてアリ

ストテレスから始まったもの）から見ると、不思議でした。地動説が正し
いとすると、地球は太陽の周囲を猛スピードで動いていることになります
が、地上にいる我々、あるいは空に浮かんでいる雲はなぜ、それを感じな
いのでしょうか。

　また、惑星の軌道はなぜ楕円なのでしょうか（第一法則）。もし円だとす
れば、最も美しい天体の運動として神が円を選んだと言えるかもしれませ
んが（実際、そのように考えられていました）、円を歪めた楕円だったら、
そうなる理由を探したくなります。そして第二、第三法則は、そもそも何
を意味しているのでしょうか。

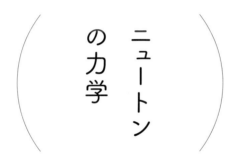

ニュートンの力学

　ニュートンはこれらの問題を扱うのに、まず、次にあげる運動の三法則
を土台に置きます。これらを**ニュートンの運動の三法則**と呼びます（ただ
しこれらは、ガリレイやデカルトらによって提唱されていた法則を彼なり
にまとめたものです）。

第一法則　物体は外部から何も影響を受けないと、等速の直線運動を続け
る。（慣性の法則）

第二法則　物体は、外部からの影響（＝力）を受けると、速度（大きさと向き）
が変わる。

第三法則　物体Ａから物体Ｂに力が働くとき、ＢからＡにも同じ大きさ

で逆向きの力が働く。（作用反作用の法則）

　第一法則は、なぜ我々が地球の動きを感じないのかを説明します。地球はほとんどまっすぐに等速で動いているので、人間もそれに応じて動くのは自然な動きになります（ただし自転の影響はそれなりの観察をすれば簡単に見ることができます）。

補足：ガリレオは慣性の法則を、運動の相対性という発想で説明しました。彼は、窓のない船室の中では、人は船が動いているのかいないのか区別できないという現象をもち出し、そもそも何かが動いているかいないかは、その動きが等速である限り、何かと比較しなければ決められない、つまり他のものとの相対的な関係でしか決まらないと指摘しました。外部から影響を受けないものが等速で動き続けるという現象（慣性の法則）は、それが止まっていればそのまま止まっているという現象と区別できないということです。もちろん日常的な感覚からわかるように、自分が乗っている乗り物が加速あるいは減速していれば、それは目をつぶっていても感じることができます。

　第二法則は、物体の運動は物体に内在する性質によるという古い考え方を廃し、周囲からの影響（力のこと）によるものだという新しい考え方を打ち立てます。そして、地球や惑星が楕円運動をするのは、太陽から、太陽方向に向かう力を受けているからだと主張します。これによってケプラーの第二法則（面積速度一定）が説明できます（その理由は少し難しいですが）。

　そして最後に、ケプラーの第三法則は、太陽から受ける力が太陽からの距離の2乗に反比例するからだということを導きます。これらのことは数学的な話なので本書では説明は省略しますが、ケプラーの三法則が力学の確立にとっていかに重要だったかを理解してください。

　さらに、惑星ばかりでなく、地球と月の間に働く力、木星や土星とその

衛星の間に働く力、そして地上の物体（たとえばリンゴ）が地球から受ける力（地球の重力）も、すべて同じ法則による力であることを説明します。そしてすべての物体の間に働く力ということで、この力に万有引力という名前を与えます。重力（gravity）と呼ばれることもあります。

　物体の運動は、その物体の内在的な性質で決まる（アリストテレス的自然観）のではなく、外部からの影響で決まるという、**因果律的な自然観**（ものごとには原因と結果があるということ）の確立、そして地上の物体と天体で働いている物理法則は同じであるという、今では誰も疑問をはさまない新しい考え方が、ここで確立されたのです。

　ただ、大きな疑問も残りました。なぜ重力は離れた物体の間、たとえば太陽と地球といった、はるか遠くにある物体間に働くのでしょうか。何が力を伝達しているのでしょうか。ニュートンはこれらの疑問に答えられなかったので（あるいは神の作用としか答えられなかったので）、彼の理論を非科学的発想と批判した人も多かったようです。

　しかし彼の理論は、単にケプラーの三法則だけでなく他の多くの現象を、しかも場合によってはニュートンが期待した以上のレベルで説明しました。有名な話が、近日点移動です。惑星の軌道は厳密には楕円ではなく、次ページの図2−2のように、楕円が少しずつ回っています。その結果、惑星が最も太陽に近い位置（近日点と呼びます）が、少しずつずれています。これが近日点移動です。

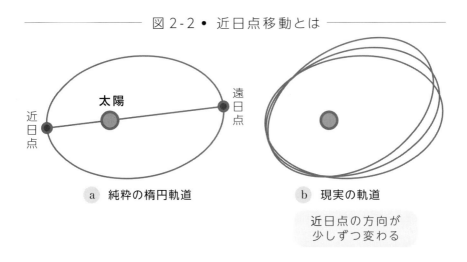

図 2-2 ● 近日点移動とは

a 純粋の楕円軌道

b 現実の軌道

近日点の方向が
少しずつ変わる

太陽

近日点

遠日点

　近日点移動は、惑星が太陽ばかりでなく、他の惑星からも万有引力を受けているためであることを、ニュートンの時代から約100年後、ラプラスという人が証明しました。もしこれをニュートンが聞いたらどう思ったでしょうか。ニュートンも、惑星は他の惑星から万有引力を受けることはもちろん認識していましたが、その影響が蓄積すれば、惑星の運動は最終的には混乱状態になるはずだと想像していたようです。そして現在の太陽系が全体として非常に整然とした形をしているのは、万有引力を超える神の介在があるからだとまで述べています。

　しかしラプラスは、惑星の軌道がどの程度、楕円からずれるかということまで、ニュートンの万有引力できちんと説明できると示したのでした。その結果、ニュートン力学は非科学的どころか、むしろ科学の理想形とまで言われるようになりました。ただし万有引力の原因が（重力場という形で）理解されるようになるまでには、20世紀の一般相対論の登場まで待たなければならなかったということも忘れるべきではありません（247ページ参照）。

第 3 章

近代科学の確立 II

元素と原子／熱とは何？

（元素）

　次に、物質の話に移ります。第1章では「物質は原子からできている」というファインマンの言葉から出発して、電子が原子核の周りを動いているという原子像を説明しました。学校教育を受けている我々から見ると当たり前のような話ですが、このような原子像が確立したのは20世紀になってからのことです。といっても、このような原子像の登場によって問題が解決したのではなく、かえって我々に幾つかの問題を投げかけ、新しい物理学（量子力学）の登場に結び付いたのですが、ここではまず、原子論の歴史を簡単に振り返っておきましょう。

　物質のことを考えるときは、その「種類」と「形態」を考えなければなりません。原子といえば形態の問題になりますが、まず種類のことから話を始めましょう。

　自然界にはさまざまな物質があります。しかしそれはすべて互いに独立なものではなく、幾つかの基本的なものがあり、それらが組み合わさって森羅万象の物質になるという発想は、昔からどの文明にもあったようです。有名なのは古代ギリシャのアリストテレスらによる4元素説で、彼はすべてのものが火、空気、水、土の4つのものの組合せでできていると考えました（単純化した表現ですが）。

　これに対して18世紀に、4元素説に反する多くの発見がなされました。空気は燃焼を助ける成分（酸素）とそうでない成分（窒素）の混合物であ

ることがわかり、また燃焼とは、燃焼するものと酸素の急激な結合プロセスであることも明らかになりました。さらに、水は元素ではなく、水素と酸素の化合物であることも主張されました。何が元素であり何が化合物であるのか、考え方の大幅な変革が進んだのです。この変革は化学革命とも呼ばれ、その主導者はラボアジェでした。彼は1789年に『化学原論』という本を出版し、その中で、元素とみなすべき33の物質の表を提示しました。

──────── 図 3-1 • ラボアジェの元素表（1789年）────────

自然界全般にある元素	光	熱素（カロリック）	
	酸素	窒素	
	水素		
非金属	硫黄	リン	
	炭素	塩酸の素	
	フッ素の素	ホウ酸の素	
金属	アンチモン	銀	ヒ素
	ビスマス	コバルト	銅
	スズ	鉄	モリブデン
	ニッケル	金	白金
	鉛	タングステン	亜鉛
	マンガン	水銀	
土の元素	石灰（現在の炭酸カルシウム）		
	苦土（現在の酸化マグネシウム）		
	バライタ（現在の酸化バリウム）		
	アルミナ（現在の酸化アルミニウム）		
	シリカ（現在の酸化ケイ素）		

　これらの多くは現在も元素として認められているものですが（13ページの表と比較）、そうでないものもあります。たとえば光は物質なのでしょうか。また熱素（別名カロリック）とは熱のもとという意味ですが、そんなものがあるとは現代の学校では教えていません。光については次章で、そして熱素については本章の最後に議論します。

原子論と反原子論

　何が元素かというのは、物質の種類に関する話です。それに対して、元素はどのように構成されているのか、それが形態の問題です。この問題については、原子論者と反原子論者との間で論争が繰り返されてきました。

　原子論者は、すべての物質はそれ以上分割できない微小な粒子、つまり「原子」から構成されていると主張します。原子は小さな粒であり、粒と粒の間には何もない空間、つまり真空が広がっていると考えます。それに対して反原子論者は、何もない空間などというものはありえないと主張し、物質とは連続的に広がって空間を埋め尽くしている存在であると主張します。

　古代ギリシャでは原子論者の代表がデモクリトスであり、反原子論者の代表がアリストテレスでした。原子を意味するアトム（分割できないもの）という言葉はギリシャ語起源ですが、デモクリトスは命や魂ということについても原子を考えたようです。

　この論争は延々と続き、たとえば17世紀では、デカルトが反原子論者、

ニュートンが原子論者として有名です。この違いは、太陽系の運動に対する彼らの考え方の違いとも対応しています。ニュートンについては前にも説明したとおりですが、デカルトは、宇宙空間には目に見えない物質（エーテルと呼ばれました）が渦巻いており、惑星はその動きに押されて動いているのだと考えていました（渦動説）。ニュートンの書籍『プリンキピア』は、古代からの天動説を論破しようとしたのではなく、むしろデカルト流の渦動説に反駁するために書かれた本でした。デカルトの渦動は空間を埋め尽くしているのに対して、ニュートンの万有引力は、何もない空間を伝わる（彼に言わせれば神の作用によって伝わる）力でした。

　18世紀末にラボアジェの元素表が発表されたという話はすでにしましたが、それを原子論に適用したのがドルトンでした（1803年）。それぞれの元素に対して、その元となる原子が存在し、異なる種類の、ある決まった数の原子が結合すると化合物になるという発想です。質量も原子の種類ごとに決まっているので、それによって化合物の質量も決まると考えます。

　ドルトンは、元素の場合は原子は1個ずつ、単独で振る舞っていると考えましたが、それに対して分子という考え方を提案したのがアボガドロです（1811）。彼は、たとえば酸素の気体は酸素原子が1個ずつ自由に動いているのではなく、酸素原子2個が結合し（分子と呼ぶ）、分子単位で動き回っているのだと考えました。

　原子そして分子という考え方に基づき、さまざまな化学反応の分析が進んだのが19世紀です。それにつれて原子論への支持も広がったのですが、そもそもなぜ原子は結合するのか、なぜ同じ原子が結合できるのか（たとえばプラスの電気どうしは反発し結合しません）、といった物理的な問題は疑問のままでした。原子とは、化学反応の規則性を説明するのに便利な、実体のない抽象的な概念に過ぎないと主張する反原子論も根強かったよう

です。実際、物質が原子から構成されているとすると説明できない（ように見えた）現象もあったのです。

電子と
原子核の
発見

　結局は、原子は実体があるものと主張する原子論者が正しかったことがわかりましたが、しかし同時に、原子（アトム）とは、これ以上分割できない最小単位であるという考えは間違いだったというように話は進みます。

　その第一歩が、J.J.トムソンによる電子の発見でした。同時代の高名な物理学者ウィリアム・トムソン（別名ケルビン卿）と混同しないようにJ.J.トムソンと呼ぶのが一般的です。彼は真空管の実験で、高電圧をかけたときに、陰極（マイナス）側から陽極（プラス）側に向けて粒子が飛び出すという現象を研究しました。この粒子の流れを**陰極線**と呼びます。

　陰極から陽極方向に出ているのですから、この粒子の電荷はマイナスです。また図3-2に描いたように、陽極を通り抜けてからさらに、上下方向に電圧をかけると、プラス方向に曲がりました。これからも、この粒子はマイナスの電荷をもっていることがわかりますが、さらに曲がり方から、粒子の質量は、陰極に使われている金属の種類によらないこともわかりました。起源となっている物質によらないというのですから、物質を構成している成分のうち電荷がマイナスの部分は、すべての物質に共通だということです。この粒子は電子と名付けられました。

図 3-2 • J.J.トムソンの陰極線実験

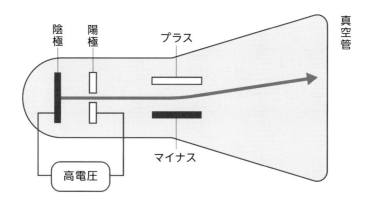

陽極の穴を通り抜けてから、上下に
電圧をかけるとプラス側に曲がる

　物質全体としては、（静電気を帯びていない限り）電荷はゼロですから、物質にはプラスの電荷をもった成分もなければなりません。では、プラスの部分とマイナスの部分はどのように組み合わさっているのでしょうか。電子の質量は原子の質量よりも圧倒的に小さいこともわかったので、これは、重いプラスの部分と軽いマイナスの部分がどのように組み合わさるかという問題でした。

　すぐに考えられるのは、太陽系のようなイメージでしょう。惑星が太陽による万有引力によって引き付けられ、太陽から離れずにその周りを回っているように、電子も中心部（正電荷）から引き付けられ、周囲を動いているというイメージです。

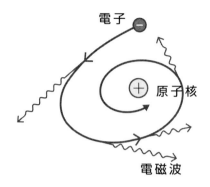

図 3-3 • 太陽系模型と電磁波

電子

原子核

電磁波

電子は曲がると電磁波を放出し
エネルギーを失う

　このイメージは、最初は理論的に不可能であると排除されていました（後で修正された形で復活しますが）。排除されたのは、電荷をもつ粒子が向きを変えながら動くと、電磁波（次章で説明します）というものを放出してエネルギーを失うことがわかっていたからです。エネルギーを失えば、電子は回り続けることができずに中心部に落ち込んでしまいます。勢いを失った人工衛星が地球に落下するようなものです。そして計算によれば、落ち込むまで1秒もかからないということでした。つまり太陽系のような原子像は成立しないということです。

　そこで考えられたのが、球状のプラスの電荷をもつ部分の中に、小さな電子が埋め込まれているというイメージです（両トムソンがそう主張しました）。プディング模型、あるいはスイカ模型と呼ばれたそうです（プディングのカレント、あるいはスイカの種が電子に相当）。

　この論争に決着をつけたのが、1911年にラザフォードのグループが行なった実験です。彼らは、α（アルファ）粒子という放射線を金箔にぶつけ、真後ろにはねかってくるケースが少なからずあることを発見しました。α粒子とは現在はヘリウムの原子核であることがわかっていますが、プラス

の電荷をもつ、原子と同程度の質量をもつ粒子であると考えればいいでしょう。

　α粒子が跳ね返るためには、原子中に、**プラスの電荷が集中している部分**がなければなりません。それにα粒子が近づくと、プラス同士なので強く反発されてはねかえるということです。スイカ模型ではプラスとマイナスが交じり合っているので、プラスだけが集中している部分が存在しません。

　したがってラザフォードは、原子は中心に電荷プラスの部分があると主張し、それを原子核と呼びました。ただし太陽系のように平べったくなる理由はないので、図3−4のようなイメージになります。これを**ラザフォード模型**と呼んでいます。

──────────── 図 3-4 ● 原子のラザフォード模型 ────────────

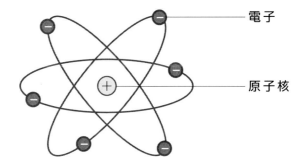

結局、実験的にはスイカ模型は否定されたのですが、電子が原子核の周囲を回れば電磁波を放出してエネルギーを失ってしまうのではという疑問は何も解決していません。つまり実験事実と理論が矛盾することになります。天体や日常的な物体の運動について大成功をおさめてきたこれまでの物理学が、原子レベルでは通用しないということでもあります。他にも、理論と実験が合わないという現象がありました。そしてこれらが新しい物

理学である量子力学の誕生に結び付くのですが、それについては第6章で説明することになります。

熱とエネルギー

—— エネルギー保存則

　次に、熱の話をします。33ページのラボアジェの元素表の中に、熱素（カロリック）という名があります。ラボアジェ、そして当時の多くの人々が、熱とは物質の一種だと考えていたのです（**熱物質説**）。熱素がたくさん含まれていると物体は熱くなり、少ないと冷たくなるという考え方です。しかし現在の原子の表には（13ページ）、熱素などという項目はありません。原子という考え方が広がってからは、熱とは物質ではなく、原子の細かな動きの激しさの程度を表す量であるという考え方が確立しました（**熱運動説**）。

　この発想の転換の裏には、エネルギー、そして**エネルギー保存則**という概念の発展がありました。エネルギーはこれからの素粒子の話でも頻繁に登場するので、ここで簡単に解説をしておきましょう。

　まず、熱が関係しない物体の運動で、エネルギーということを説明します。地面から物体を上に投げたとします。最初は物体は勢いをもって上がっていきますが次第に遅くなり、そしてある高さまで達したときに瞬間的に止まり、その後は、勢いを増しながら落ちていきます。物体は空気中を動くと空気から抵抗を受けるのですが（つまりブレーキがかかる）、その抵抗

が無視できるならば、落ちてきたときの勢い（速さ）は、最初に投げ上げたときの速さと同じです（たとえば物体が非常に重く小さい場合、あるいは空気をなくした真空容器中で実験した場合などでは空気の抵抗は無視でき、このようになります）。

　このプロセスでのエネルギー保存則は、2種類のエネルギーを考えることでわかります。一つ目は「運動エネルギー」で、これは物体の動きの勢いを表す量です。投げ上げたときは運動エネルギーは大きく、次第に少なくなって最高点ではゼロです。しかし落下し始めるとまた大きくなり、元に戻ったときの運動エネルギーは、最初の値を変わりません（空気の抵抗を無視できるならば）。

　もう一つのエネルギーが位置エネルギーです。これは、重力に反して高い位置に持ち上げられた物体がもつ潜在的な能力を表す量です。たとえば山にためられたダムの水は、落下させることで電気を発生させるという能力をもっています。投げ上げた物体は、上がっていくとその位置エネルギーは大きくなり、最高点で最大になります。そして落下すると位置エネルギーは減り、もとの高さに戻ったときには位置エネルギーは最初の値に戻ります。

図 3-5 • 物体の運動とエネルギー保存則

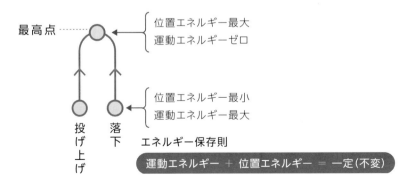

　この場合のエネルギー保存則は、運動エネルギーと位置エネルギーを足した量が、この物体の運動中、変わりないという法則です。**何かの量が変わらないという法則を一般に保存則と呼びます**が、もう一つ有名な、そしてこれからしばしば登場するのが、**電荷保存則**です。たとえば2つの物体をこすり合わせると摩擦電気（静電気）が発生することがありますが、一方の物体にはプラス、他方の物体にはマイナスの電荷が生じ、その合計は最初と変わらない（つまりゼロ）というのが、電荷保存則です。

　エネルギー保存則に戻りましょう。物体を投げ上げて落ちてきたとき、空気抵抗があれば物体にブレーキがかかるので、速さは元に戻らないと言いました。しかしこの場合は、空気が物体によって動かされています。原子論を認めれば、空気の原子が動かされ、運動エネルギーをもつことになります。そして空気分子の運動エネルギーまで加えれば、全エネルギーは変わらない（一定である）というのが、エネルギー保存則です。

　こう考えると、熱とエネルギーの関係も想像できるでしょう。たとえば机の上で物体をすべらしても（押し続けていない限り）、物体はすぐに止まってしまいます。机の上ならば高さは変わらないので位置エネルギーは変わりません。動いているものが止まるのですから運動エネルギーはなくなります。その代わり、物体と机の表面がこすれ合って摩擦による熱が発生します。これは、物体や机を構成する原子の細かな動き（振動）が激しくなるということなので（熱運動説）、それによるエネルギーが生じていると考えれば、やはりエネルギー保存則が成り立ちます。このエネルギーを内部エネルギー、あるいは熱エネルギーと呼び、これも含めてのエネルギー保存則を、**熱力学第一法則**と呼ぶこともあります（熱力学第二法則は無数の粒子の動きの乱雑さに関係した話であり、本章最後のコラムで触れています）。

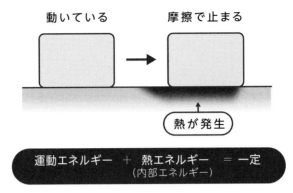

図 3-6 • 熱 の 発 生

動いている　　　　摩擦で止まる

熱が発生

運動エネルギー　＋　熱エネルギー　＝ 一定
（内部エネルギー）

　このように、熱も原子レベルでの運動と考えることによって、エネルギー保存則（熱力学第一法則）のほか、さまざまなことがわかってきました。原子論と力学が融合したのです。しかし、ここで詳しくは説明しませんが、熱現象を調べていくと、従来の考え方ではうまく説明できない現象も出てきました（例：熱い物体から放出される光の強さの問題、低温での物体の比熱の問題）。これが量子力学の誕生に結び付くのですが、この話は第5章に続きます。

熱力学第二法則（エントロピー非減少則）

　熱力学という学問には、本文で説明した第一法則（熱も含めたエネルギー保存則）の他にも第0法則から第三法則まで、幾つかの基本法則があります。マニアックな話になってしまいそうなので本書ではこれらの問題に深入りしませんが、第二法則については簡単に説明しておきましょう。

　この本で紹介する素粒子物理学から見ると、熱力学第二法則はかなり異質な法則です。素粒子物理学の法則は個々の素粒子が従う法則ですが、この法則は、無数の粒子の集団に対して初めて成り立つからです。そのため、本書では本文ではなくコラム扱いに追いやられてしまいましたが、物理学全体として見れば極めて深い意味をもつ法則です。

　この法則は、エントロピー増大の法則（あるいは非減少の法則）とも呼ばれ、時間の経過とともにエントロピーという量が減少することは決してないと主張します。ではエントロピーとは何でしょうか。直感的に言えば、エントロピーとは「乱雑さ」です。たとえば無数のコインを箱に入れてかき混ぜたとしましょう。コインの表裏に関するエントロピーは、そのすべてが表側を向いているとき0（最小値）と定義され、また50％が表（つまり乱雑さが最大）のときに最大値になるように定義されます。

　最初はすべて表向きに箱の中に入れたとしましょう。そのときエントロピーは0です。次にその箱をかき混ぜたとしましょう。表裏を意図的に選別するようなかき混ぜ方はしないものとします。するとかき混ぜるにつれて、裏向きのコインの割合が増えていくでしょう。もしコインの数が本当に無数だったら、表裏が5割ずつになるように変化していくでしょう。また、もし最初から5割ずつだったら、かき混ぜてもその割合は変わらないでしょう。これがエントロピー非減少則（の一例）です。

　あまり深遠な法則だとは感じられなかったかもしれませんが、この単純な原理（そしてその他の少数の原理）から出発して組み立てられる熱力学・統計力学という学問の威力には驚くべきものがあります。しかしそれは素粒子物理学の本線からは外れる話なので、ここではこれだけにしておきましょう。

第 **4** 章

光の歴史I

光は波

光は粒子か波か？

　次に、光とは何かという論争を振り返ります。33ページで説明したように、ラボアジェは光を物質と考え、彼の元素表に加えました。光は粒子の集団であるという考え方は昔からあり、ニュートンも**粒子説**の代表人物でした。それに対して、光とは、人間はそれ自体の存在を感じない、何か広がりのあるものが波打っているものだという考え方（**波動説**）もあり、ニュートンと同時代のホイヘンスが、その代表者としてしばしばあげられます。前にも述べたように、空間には目に見えない何かが充満しているという考え方（つまり真空を否定する考え方）は、多くの人によって支持されていたのです。

　粒子か波動かということは別として、ニュートンは光について、現代では（おそらく）誰でも知っている、重要な主張をしています。それは、太陽からやってくる光はさまざまな色の光が混ざったものだということです。彼はプリズムで太陽の光を分け、また、分かれた光を重ね合わせると白色光に戻るという実験をしました。彼は光についてさまざまな実験をし、それを分析して本（『光学』、1701年）を出版したことでも有名です。ニュートン型反射望遠鏡と呼ばれる装置も考案しています。

─── 図4-1 • プリズム ───

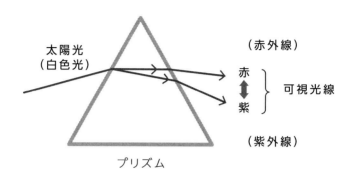

プリズム

　プリズムで分けられた一つ一つの色の光を単色光、そしてそれらが合わさった、色なしに見える光を白色光と呼びます。虹という現象は、大気中にある水滴がプリズムの役割をして、太陽からの白色光が単色光に分解されたものです。日本では虹は7色（赤・橙・黄・緑・青・藍・紫）というのが普通ですが、7色にはっきりと分けられるわけではなく、連続的に赤から紫に変化していくというのが正しい表現です。ニュートンも7色と考えたようですが、国によって異なり、たとえば米国では6色とするのが一般的なようです。

　プリズムによって色が分かれるのは、図4−1にも示したように、光が大気からガラスに、あるいはガラスから大気に入るときに曲がる角度（屈折する角度）が違うからです。赤よりも紫のほうが、大きく曲がっています。目に見えるのは赤から紫までですが、赤の外側にも、あるいは紫の外側にも、人間の視覚では感じられない部分があり、**赤外線**あるいは**紫外線**と呼ばれます。ただしそれはニュートンの後、1800年頃にわかったことです。単に光と言った場合は赤外線や紫外線を含む場合も含まない場合もありますが、

特に目に見えている部分に限定するときは**可視光線**といいます。

　光が屈折する理由は粒子説でも波動説でも説明できます。大気中とガラス中で光の進む速さが変わるというのがポイントですが、いずれにしろ屈折という現象だけでは、光が粒子なのか波動なのかはわかりません。

―― ヤングの実験

　光が粒子なのか波動なのかという論争は、19世紀初頭に一応、波動説の勝利ということになりました（20世紀になって状況が変わるのですが、それは次章のテーマになります）。

　光が波動であることの根拠になったのは、干渉という現象の観測です。干渉について簡単に説明しましょう。具体的にイメージしやすい、水面の波で考えるといいでしょう。

　波には突き出している部分とへこんでいる部分があります。突き出している部分を（波の）山、へこんでいる部分を谷といいます。

　山一つだけ（あるいは谷一つだけ）という簡単な波が2つあったとします。そしてそれらが両側からやってきてぶつかったとしましょう。

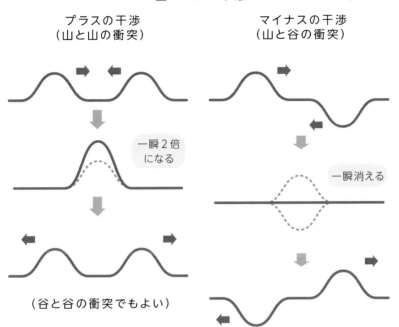

図4-2 • 干渉

プラスの干渉
（山と山の衝突）

マイナスの干渉
（山と谷の衝突）

一瞬2倍
になる

一瞬消える

（谷と谷の衝突でもよい）

　波と物体では、ぶつかったときの振る舞いに大きな違いがあります。物体はぶつかると跳ね返るでしょう。しかし波はぶつかっても、あたかも何もなかったように互いをすり抜けて動き続けます。また、ぶつかった瞬間は、山と山の衝突の場合は高さ2倍の山になり、山と谷の場合には瞬間的に打ち消し合って、平らな水面が出現します。これを干渉といいます。重なって大きくなる場合をプラスの干渉、打ち消し合う場合をマイナスの干渉といいます。打ち消し合うというのが波の特徴で、2つの物体がぶつかって瞬間的に消滅するなどということはありえません。つまり（マイナスの）干渉が観測されれば、それは粒子ではなく波だということになります。

　水面の波の干渉は簡単に観察することができます。まず、次の図4−3の

ように、山が直線状になった波が右に動いているとします。海岸に押し寄せてくる波のようなものです。線の部分が波の山に相当すると考えてください。波の進む方向にフェンスが置いてあり、波はそこでぶつかると反射しますが、一か所にすきまがあったとします。すると、そこを通った波は、そのすきまから輪のように広がっていきます。広がってフェンスの裏側にも回りこむ現象を回折といい、波の特徴の一つです。

──── 図4-3 ● すきまを通って広がる波（回折）────

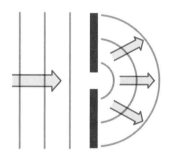

次に、フェンスにすきまが並んで2つ開いていたとしましょう（図4-4）。波はそれぞれのすきまから輪のように広がっていきますが、2つの波が重なり合って干渉が起こります。

ここで、図の右側の線上で干渉がどのようになるかを考えてみます。まず線上のAを考えます。A点とは、2つのすきまから等距離にある点です。ここでは、すきま1から波の山が到達したときは、（距離が同じなので）すきま2からも波の山が到達しているはずです。波の谷が到達しているときも同じです。つまりA点では波が常にプラスの干渉を起こし、水面は大きくゆれるでしょう。

A点よりも少し上に行くとどうなるでしょうか。すきま1からの距離の

─────── 図 4-4 • 2 つのすきまによる干渉 ───────

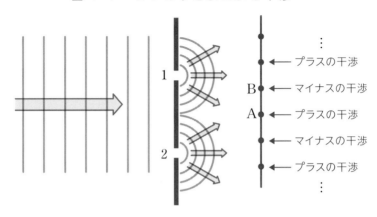

ほうが少し短くなります。つまり波の山は同時には到達しません。たとえばB点では、すきま2からの山が到達したときは、すきま1からの波はすでに、山のあとの谷になっているとしましょう。するとマイナスの干渉が起こるので、水はゆれなくなります。そのような点では波がずれて常に山と谷が同時に到達するので、常にマイナスの干渉が起こり、水は時間が経過してもゆれないままです。

　B点よりもさらに上に行けば、今度はすきま1からの山と、すきま2からの山が一つずれて到達するようになり、今度はプラスの干渉です。このように破線に沿って上に進むと、プラスの干渉が起こる点とマイナスの干渉が起こる点が交互に並びます。

　このタイプの実験を光で行なったのがヤングの実験というものです。まず、光は何かの波であるとしましょう。何がゆれている波なのかは問いません。とりあえずは、音が空気の波（空気分子が振動する波）であるように、空間に充満している何かが動いている波というイメージで考えても結構です。

　図4−3や図4−4は水面の波として説明しましたが、今度は光が左から進

んでくる状況だと考えてください。ただし光の場合は水面上に限定されているわけではないので、山の部分は紙面に垂直な平面（波面という）になります。図の縦線はその断面です。

　また、フェンスは板状であり、すきまとは、細い切れ目（スリット）だとします。図4−5の場合は、2つのスリットが平行に開けられていると考えます。

　図4−5の右側の線の部分にはスクリーン（もう一枚の板）を置き、そこに光があたるようにします。光が波だとすれば、2つのスリットを通って回折を起こした波が干渉し、スクリーン上ではプラスの干渉の部分、マイナスの干渉の部分が交互に並びますが、プラスの部分は光の波が大きく振動するので明るくなり、マイナスの部分は波が振動しないので暗いままでしょう（部屋全体は暗くして実験をします）。つまりスクリーン上には明暗の縞模様ができるはずです。そして実際、このような縞模様ができることを示したのがヤングであり、光が波であることを示した実験とされています。

─────── 図 4-5 ● 光の2スリット実験（ヤングの実験）───────

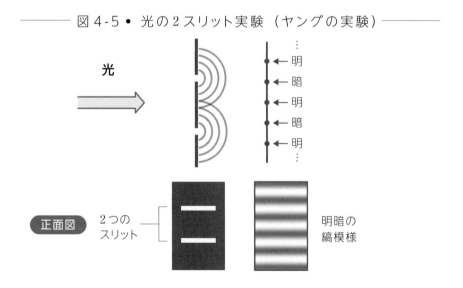

波長と色

　光は波であるということがわかると、光にはさまざまな色がある理由も容易に想像ができます。図4−2のような、山が一つだけというのは特殊な波で、図4−3や図4−4に描いた、連続した水面上の波の断面をみると、図4−6のように、山と谷が規則的に繰り返す形になります。

図 4-6 • つながった波

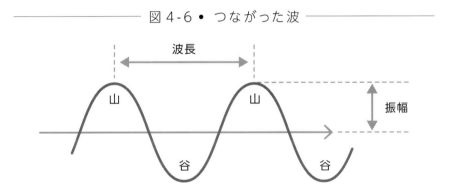

　この図で、山から山まで、あるいは谷から谷までの距離を**波長**と呼びます。波の特徴を表す用語としては、波長の他に、**振幅**、**速さ**、そして**振動数**という言葉もあります。

　振幅はこの図に示したように、山の高さ、あるいは谷の深さを表します。速さは、山、あるいは谷の位置が動く速さです。波全体の形が動く速さと

言っても同じことです。

　水面の波の場合、実際に水がこの速さで動いているわけではありません。波の形だけが動いているのです。各場所での水はむしろ、（ほぼ）上下に振動しています。たとえば、図4−7で実線の形をした波が、右に動いて破線の形になったとしましょう。山や谷がそれぞれ、半波長（波長の半分）だけ動いた状況です。すると、たとえばO点での水面は、山の頂上Aから谷の底Bまで下がったことになります。波がもう半波長進めば、水面は元に戻ります。水面は上下に一回、振動したことになります。

─────── 図 4-7 • 波 が 動 く と 水 面 は 上 下 に 振 動 す る ───────

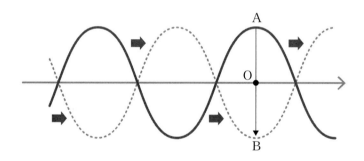

実線の波が右に動いて破線になると、
O点では波はAからBに下がる

　波の進み方が速ければ、（ある一定時間の）振動の回数も多くなるでしょう。また、山と山の間隔が狭ければ、つまり波長が短ければ、速さが同じでも振動の回数は多くなるでしょう。一般に、単位時間当たり（通常は1秒間当たり）の振動の回数を振動数といい、

　　　振動数 ＝ 波の速さ ÷ 波長

という関係にあります。厳密なことはともかく、<u>波長が短いほど振動数は
大きくなる</u>ということだけは、頭に入れておいてください。

　水面の波ならば波長も振動数も水面の動きとして目に浮かぶでしょう。
しかし光が波だと言っても、何が動いているのかはまだ何も説明していま
せん。19世紀には、空間には目に見えない（仮にエーテルと呼ばれる）何
かが充満していて、それが波のように振動しているのが光だというイメー
ジが根強かったようです。

　しかし具体的に何が動いているかを知らなくても、抽象的な意味で（あ
るいは単に数式として）、光は図4−7のように表されると考え、波長、振
動数、振幅、速さといった量を考えることは可能でしょう。そう考えたとき、
振幅は波の強さですから、光で言えば明るさに対応します。一方、色の違
いは、波長の違い、あるいは振動数の違いに対応すると考えられます。波
長と振動数は上式の関係で結び付いており、光の速さは（少なくとも真空
中では）色に依存しない定数なので、色は波長で決まると言っても振動数
で決まると言っても構いません。

　実際、紫色の光の波長は400nm程度、赤色の光の波長は700nm程度で
す。nmとはナノメートルと読み、1nmは1mmの百万分の1（10^{-6}）です。
1000nmは1000分の1mmであり、可視光線の波長はこの程度だということ
です。ずいぶん短いと思われるでしょうが、原子の大きさは0.1nmくらい
ですから、それに比べればかなり長いです。

—————————— 図4-8 ● 可視光線の波長と振動数 ——————————

色	赤　橙　黄　緑　青　藍　紫		
波長	〜700nm	〜500nm	〜400nm
振動数 （周波数）	〜4×10^{14}Hz	〜6×10^{14}Hz	〜7.5×10^{14}Hz

1nm ＝ 1ナノメートル ＝ 10^{-9}m
1Hz ＝ 1ヘルツ ＝ 1秒に1回の振動

　振動数で言うと、波長が600nmの光は（光速度が秒速30万kmであることを考えると）、振動数が（0.5×10^{15}）Hzとなります。Hzとはヘルツと読み、1秒間に何回、振動するかを表しています。ものすごい速さで振動していることになります。光速度が秒速30万kmというとてつもない速さだということからも、光の動きは日常的な物体の動きとはかけはなれていることがわかるでしょう。

　光の色の違いは波長の違いであるということは、日常的な現象からもわかります。シャボン玉や、水面に浮かんだ油膜に光が当たり、膜にさまざまな色が付いて見えた経験は誰にでもあるでしょう。これは光が膜で反射するとき、膜の表と裏で反射した光が干渉するからです。

　図4-9を見てください。膜の左上から光が当たるとします。2つの光線1と2を考えましょう。光線1は、膜の下側で反射すれば光線3として外に出てきます。光線2は膜の上側で反射すれば光線3になります。光線1と光

線2は、もともとは一緒の光（同じ光源からの光）なので、波の山や谷は一致しています。しかし光線3として出てくるときは、途中の経路に差があるので、山の位置（谷の位置）がずれます。そのずれが波長（あるいはその何倍か）に一致しているときは、ずれたとしても山と山が重なることには変わりはないので、プラスの干渉になります（光線3は明るくなります）。しかし経路のずれが波長（あるいはその何倍か）に、ちょうど半波長足しただけの長さに等しいときは、山と谷が重なることになって、マイナスの干渉になり、光線3は暗くなります。つまり、膜の厚さにちょうどあった波長をもつ色の光が強められますが、膜の厚さは場所によって少しずつ変わるので、全体としてはきれいな模様になります。

―――――― 図 4-9 • 膜に色がつくメカニズム ――――――

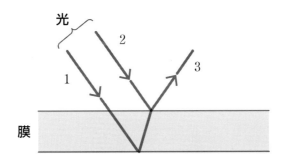

実線1と2が干渉する

　この現象は、光は波であり、その色は波長で決まっているという主張の、強力な証拠になります。ニュートンはこのような現象を彼の本で紹介していますが、彼自身は光の波動説を支持していなかったので、光の粒子は特殊な性質をもっていると、現在から見ると苦しい説明をしているようです。

光は何の波？

　光は波であるという強力な証拠は積み重なったのですが、では何の波なのでしょうか。水面の波は水が上下に動いている状態です。音（音波）は、空気の分子が前後に細かく振動している状態です。では何が動いているのが光なのでしょうか。

　この問題に対する（一応の）答えを与えたのが、1860年代に完成したマクスウェルの電磁気の理論です。この理論は簡単な話ではないのですが、イメージは重要なので、できるだけ直感的に理解できるように解説したいと思います。

　まず、電気力（電荷間の力）と磁気力（電流や磁石の間の力）についての、ファラデーによる提案から話が始まります。電荷が力を及ぼし合う、あるいは磁石が引き付け合うという現象はよく知られていますが、この現象を、電場、磁場という概念で説明しようとしたのがファラデーです。電荷や磁石が直接、力を及ぼし合うのではなく、電荷はその周囲の空間に電場を発生させる、磁石はその周囲の空間に磁場を発生させるという考え方です。電場や磁場は電界、磁界と言っても同じですが、「場」という考え方がポイントなので、物理学者は電場・磁場という言葉を好むことが多いようです。

──── 図4-10 • 電場と磁場 ────

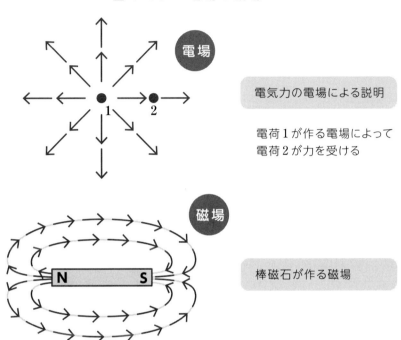

電場

電気力の電場による説明

電荷1が作る電場によって
電荷2が力を受ける

磁場

棒磁石が作る磁場

N　　　S

　場とは、空間の各点がもつ、数値で表される何らかの性質と考えればい
いでしょう。たとえば電荷が存在することにより、その周囲の空間の各点
が電場という性質をもつと考えてください。磁場も同様です。

　ファラデーはさらに、電磁誘導という現象を発見しました。たとえば磁
石を動かすとコイルに電流が流れるといった現象ですが、これは場で表現
すると、「磁場が変化すると電場が生じる（だから電荷が動いて電流が流れ
る）」ということになります。マクスウェルはファラデーの考え方を数式で
表現して法則化し、さらに、電磁誘導とは逆の、「電場が変化すると磁場が
生じる」という現象もありうると予測しました。

　そしてマクスウェルは、電荷や磁石が存在しなくても、変化する電場と

変化する磁場が互いを作り合うことによって、つまり変化する電場と磁場が
セットになって、波のように伝わることが可能であることを発見しました。
空間の各点での、各時刻での電場と磁場の大きさが、それを並べると波の形
になって動いていくということです。彼はこれを**電磁波**と名付けました。

　一例をあげると下の図4−11のようになります。

─────────── 図 4-11 • 電磁波の例 ───────────

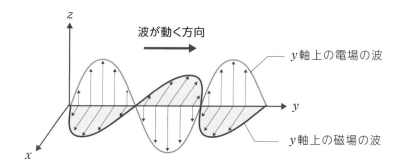

　彼のこの主張は、1887年にヘルツによって検証されました。彼は電磁波
の発生を、それを受信した装置での火花放電によって確かめるという実験
を行ない、電磁波が存在することを示したのです。

　マクスウェルは、彼の理論を使って電磁波が進む速さも計算しました。
そして（真空中では）それは必ずある一定の値になり、その当時、測定さ
れていた光速度に等しいことがわかりました。そして彼は、光（可視光線）
とは、数百nm（ナノメートル）の波長をもっている電磁波に他ならないと
結論付けたのです。たまたまこの波長の電磁波を人間の目が感知できるの
で、光として見えているということです。

　電磁波の波長は数百nmに限定する必要はありません。波長が数mといっ

た電磁波があってもいいし、波長が原子よりも小さな電磁波も可能です。実際、それらの存在は確認されており、波長によってそれぞれ名前が付けられています。テレビの電波も（波長が数cmから数mの）電磁波ですし、医療で使うX線も（波長が原子の大きさレベルの）電磁波です。電磁波が現代文明でいかに重要な役割を果たしているかが、図4−12の表からわかってもらえると思います。

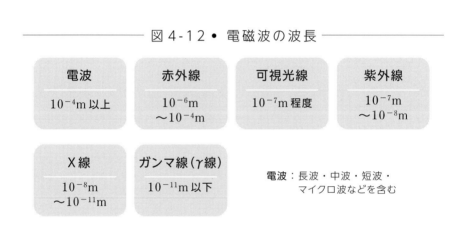

図 4-12 • 電磁波の波長

電波	赤外線	可視光線	紫外線
10^{-4}m 以上	10^{-6}m 〜10^{-4}m	10^{-7}m 程度	10^{-7}m 〜10^{-8}m

X線	ガンマ線（γ線）
10^{-8}m 〜10^{-11}m	10^{-11}m 以下

電波：長波・中波・短波・マイクロ波などを含む

　結局、光とは電場と磁場の波だということになりました。ただ、電場や磁場の実体は何かという問題は残ります。それは単に、空間の各点がもっている性質とみなすべきなのか、それとも空間に充満している何か（仮称、エーテル）の振る舞いを表しているものなのかといった問題です。現在は、前者の立場で考えられています。少なくともエーテルなどといった仮想上のものの存在は認められていません。ただ、20世紀になり、電磁波自体には、単に電場・磁場の波という以上の意味があることが、アインシュタインによって明らかにされました。それを次章で解説します。

PARTICLE COLUMN

光の三原色・色の三原色

　光はその波長によって、7つの色に分類されるという話をしました。七色の虹という言葉は有名ですね。その一方で、皆さんは「光の三原色」（赤・青・緑）という言葉を聞いたことがあるでしょう。3色の光を組み合わせれば、すべての色を再現できるという話です。実際、テレビ画面では、この3通りの色を発する3種の「ドット」が無数に埋め込まれてあり、それぞれの明るさを調整して、あらゆる色を生み出しています。光の色には7つあったはずなのになぜ3種ですむのでしょうか。

　これはまったく人間側の事情です。人間の網膜には3種類の錐体と呼ばれる細胞があり、それぞれ赤中心、青中心、そして緑中心に、光に反応します。たとえば黄色の波長をもつ光は、主として赤の錐体と緑の錐体に感知されることによって、人間はそれを黄色の光として認識するわけです。すべての錐体が同程度に感知すれば、白色光として認識します。これは生物によって異なり、たとえば鳥類ではもう一つ、紫を中心に反応する錐体もあり、かなりの紫外線も認識しているそうです。

　また、「色の三原色」という言葉も聞いたことがあるでしょう。通常は、赤紫（マゼンダ）、青（シアン）、そして黄色を指します。たとえば黄色という色をもつ物質は、光の三原色のうちの青を主として吸収するので、赤と緑を中心とした光が反射され、人間には黄色に見えるのです。シアンの場合は赤を中心に吸収し、マゼンダの場合は緑を中心に吸収します。

第 5 章

光の歴史Ⅱ

光は粒子

　前章を読めば、光が粒子ではなく波であることは、十分な証拠を得て、疑いのないものになったと思われるかもしれません。実際、19世紀末から20世紀初頭にかけて、人々はそう考えていたようです。

　しかし事実はもっと複雑でした。さらに調べてみると、光は粒子の集団としての性質ももっていることが明らかになったのです。そしてそのことが原子や電子の見方にも波及し、20世紀の新しい物理学の登場となるのですが、この章ではまず、光についてわかった新しい事実について解説しましょう。

空洞放射の謎

　物体は高温になると光り始めます。物体から可視光線が放出されているわけです。しかし可視光線は電磁波の一種に過ぎないということは前章で説明しました。物体は、それほど高温でなくても、赤外線という目に見えない電磁波を放出しています。赤外線カメラという装置を使えば、その赤外線で物体の写真を撮ることもできます。赤外線は熱波とも呼ばれ、熱をもっている物体ならば（特に熱くなくても）必ず放出されています。

　物体は、冷えると放出する電磁波の波長が（平均として）長くなる、つまり振動数は小さくなるということなのですが、これ自体は当然のことです。物体は冷えると内部の原子の動きが緩やかになるので、振動数の大きな電磁波は放出されにくくなるからだと考えればいいでしょう。

しかし放出されにくければ、その逆のプロセスである吸収もされにくくなります。そこで、**壁に囲まれた何もない空間（空洞という）**を考えてみましょう。壁があまり熱くなければ、壁からは、振動数の大きな電磁波はあまり放出されません。しかし少しでも放出されれば、その電磁波はあまり吸収もされません。結局、振動数の大きな電磁波も、一定の量がこの空洞の内部に充満することになります。壁と壁の間をいったりきたりするということです（電磁波の一部が壁を通り抜ける場合には、その分は外から中に入ってくるものとします）。

────── 図 5-1 • 空洞放射での矛盾 ──────

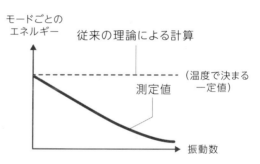

モードごとの
エネルギー

従来の理論による計算

（温度で決まる
一定値）

測定値

振動数

空洞の中には
電磁波が充満する

現実には、振動数が大きな
電磁波のエネルギーは小さい

ではどれだけの量、つまりどれだけのエネルギーの電磁波が空洞内に充満するでしょうか。この当時（1900年頃）の熱の理論を使うと、**充満する電磁波のエネルギーは、電磁波の「モード」によらずに一定**であることが導かれます（モードとは、「振動数」と「進む方向」が決まった各電磁波を指します）。これは**エネルギー等分配の法則**と呼ばれており、電磁波に限ら

ず原子の運動にも通用する、少なくとも当時の理論を使えば厳密に導かれる法則です。振動数が大きくなると振幅は減るのですが、振動数と振幅の効果がバランスして、充満している各モードの電磁波のエネルギーは一定だということです。この「一定の値」は、壁の温度が下がれば減りますが、温度には依存するが振動数にはよらないということが重要です。

　しかしそうだとすると、おかしなことになります。電磁波の振動数には限度がありません。いくらでも振動数の大きなモードが考えられます。つまりモードの種類は無限大であり、各モードのエネルギーは一定だとすれば、空洞内に充満する電磁波の全エネルギーは無限大ということになります。

　もちろんこんなことはありえません。実際、溶鉱炉の窓から出てくる光のエネルギーを振動数別に測定すると、振動数が大きくなるほどエネルギーは減っていました。そしてもちろん、全エネルギーは有限でした。つまり、その当時の物理学理論の何かが間違っているということです。これを**空洞放射の問題**といい、1900年前後の多くの物理学者を悩ませていました。

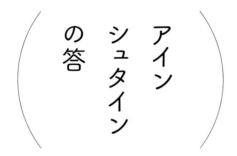

アインシュタインの答

　この問題について、アインシュタインは次のように考えました。仮に、<u>電磁波の振動数が大きいときにその振幅を自由に小さくできないとしてみ</u>ましょう。振動数が大きな電磁波のエネルギーを（振幅を小さくすることによって）抑えることができなくなります。しかしそのことによって、エ

ネルギーが、理論が予測する前記の「一定の値」を超えてしまうとしたら、そのような、振動数が大きな電磁波は、そもそも放出されなくなるのではと想像されます。だとすれば問題は解決するだろうというのが彼の発想です（彼は数学を使った面倒な計算をしているのですが、ここでは彼の主張の、物理的エッセンスに基づく直感的な説明をしています）。

　彼は、空洞内の電磁波の振動数別エネルギーのデータを表す式から、次のようになっていればよいということを発見しました。これが有名な**光量子仮説**というものです。言葉で表せば

アインシュタインの光量子仮説　振動数 ν の電磁波のエネルギーは、（h をある定数として）$h\nu$ の整数倍にしかなりえない。

となります。この条件を満たすような振り幅しかありえないということです。

　これからは習慣に従い、振動数を、ギリシャ文字 ν （ニュー）で表します。この本では ν は主として、素粒子（ニュートリノ）を表すために使うのですが、習慣に従って振動数も ν と書きます。実際、$h\nu$ というのは物理学で最も有名な式の一つです。ただし振動数としての ν は、（ほとんど）この章と次章にしか登場しません。ニュートリノを表すときは「ν_e」というように、添え字付きで登場することが普通なので、混乱することはないでしょう。

　また量子（quantum）とは、もともとは「小さな塊」という意味の単語です。光のエネルギーは $h\nu$ という小さな塊を単位として増えたり減ったりするということです。

　光量子仮説と空洞放射との関係はわかるでしょうか。もしこの仮説が正しければ、**振動数が ν の電磁波の最小エネルギーは $h\nu$ です**。したがってもし ν が大きく、$h\nu$ が、温度で決まる「一定の値」よりも大きければ、その

ような振動数の電磁波の放出は抑制されることになり、空洞放射の問題が解決します。

　しかし、光量子仮説によって空洞放射の問題が解決されるとしても、では光量子仮説自体はどのようにして正当化できるでしょうか。アインシュタインは最初の論文でははっきりとは主張しませんでしたが、彼の頭の中に何があったかは明らかです。つまり振動数 ν の電磁波は、$h\nu$ というエネルギーをもつ粒子の集団だということです。このような粒子が n 個あれば、全エネルギーは $h\nu \times n$ となります（n は整数）。

　この粒子を現在は、**光子**あるいは**フォトン**（photon）と呼んでいます。photoとは光を意味し、onは粒子を表す接尾語です。ちなみに光量子は英語でlight quantum（元々はドイツ語でLicht Quantum）であり、photonとはまったく異なる用語です。

$$\left(\text{プランクとプランク定数 } h \right)$$

　上記の光量子仮説で登場した h という数は、プランクが1900年に、やはり空洞放射について彼の主張を提唱したときに使った記号です。現在は**プランク定数**と呼ばれており、1905年のアインシュタインの論文では使われていませんが、$h\nu$ は今や、どの本でも採用される書き方になっているので、上でもそう書きました。

　具体的には

$$h（プランク定数）=6.62607004 \times 10^{-34}\,[\text{m}^2\text{kg/s}]$$

ですが、普通の単位で表せば非常に小さな値になる、ミクロなスケールの量だということだけを頭に入れておいてください。物理学では光速度 c と並ぶ重要な量で、1kg とは何かを定義するためにも使われています。

　ではプランクは1900年に、h を使って何を主張したのでしょうか。プランクもアインシュタインと同じ空洞放射の問題に取り組んだのですが、彼が着目したのは電磁波ではなく、電磁波を放出する原子のほうでした。ただし、まだ原子の実在性が完全には確立していなかった時代であり、彼は電磁波を放出するものを共鳴子と呼んでいます（後に、頭にあったのは原子・分子であったとの書簡を残していますが）。

　彼は、共鳴子（原子）の運動に制限があり、その結果として、共鳴子から放出される電磁波のエネルギーにも「hν の整数倍」という制限が付くと主張しました。この主張は**プランクの量子仮説**と呼ばれています。電磁波についてはすでにマクスウェル理論という確立した理論があったので、こちらは触りたくなかったのでしょう。

　結局は、原因を電磁波自体に求めたアインシュタインのほうが正しかったのですが、プランクの量子仮説は後に、ボーアによって原子内の電子の運動に適用され、量子力学の建設に重要な役割を果たしました。そのため、プランクは量子力学の父であると言われています。余談ですが、プランクはアインシュタインの特殊相対論を真っ先に認めて発展させた人物としても有名です。

アインシュタイン奇跡の三大業績

　光量子仮説は1905年、まだ26歳だったアインシュタインが提唱した理論です。1905年はアインシュタインが奇跡の三大業績を発表した年として有名ですが、他の2つは特殊相対論（特殊相対性理論）と、ブラウン運動の理論です。特殊相対論は時間と空間についての理論で、光量子仮説と並んで、素粒子物理学に決定的な影響を与えます。特殊相対論については252ページで簡単に解説します。

　3つ目のブラウン運動とは、水面に浮かんだ微粒子が、水分子の細かな運動（熱運動）によって動かされるという話です。1910年頃にペランによって行なわれた、彼の理論の検証実験によって、原子の実在性が最終的に確定したと言われています（これらの業績については、拙著『アインシュタイン26歳の奇蹟の三大業績』（ベレ出版）も参照）。

　ちなみに、アインシュタインを世間的に有名にした一般相対論は、約10年後の1916年に発表されています。一般相対論については253ページで簡単に紹介します。

光電効果

光量子仮説が提唱された1905年頃は、光は波であるということがほとん

ど確立していましたから、光量子仮説が素直に受け入れられるはずはありません。だからアインシュタインも最初の論文では、光が粒子であるとの主張は意識的に差し控えたのですが、実験が進むにつれて粒子説が少しずつ認められていきます。

　光量子仮説と関連する話として**光電効果**という現象が有名です。アインシュタインは光電効果を根拠として光量子仮説を主張したと言われることがありますが、そうではありません。アインシュタインにとっては、あくまでも空洞放射が議論のポイントでしたが、1905年の論文では後半で、光量子仮説の正しさを強化するものとして3つの現象をあげており、その中の1つが光電効果でした。その当時、光電効果の観測結果はまだ曖昧で、光量子仮説を強く強化するほどのものではなかったのですが、すでに傾向は見えていたので、アインシュタインはそれをとり上げました。そして彼の主張は、1915年のミリカンの実験によって明確に実証されました。光電効果と光量子仮説の関係は明快であり、また、1921年のアインシュタインのノーベル賞受賞理由にもなったので、理解しておくことには大きな意味もあります。以下で説明しましょう。

　光電効果とは、金属に光を当てると電子が飛び出してくる現象です。金属中には、比較的結合の弱い電子が動き回っており（自由電子）、それが飛び出してくるのです。そしてどのような場合にどのように電子が飛び出してくるか、特に、光（可視光線です）の「明るさ」と「色（振動数）」を変えたとき、それぞれ何が起こるかということが重要です。それをまとめると次のようになります。

特徴1：波長がある程度、短くないと（振動数がある程度、大きくないと）、明るくても電子は出てこない。

特徴2：波長を短くするほど（振動数が大きいほど）、出てくる電子のエ

ネルギー（勢い）が増す。

特徴3：光を明るくすると、出てくる電子の数が増える（1個ずつの勢い
は変わらない）。

——— 図5-2 • 電子が光（光子）を吸収して飛び出す ———

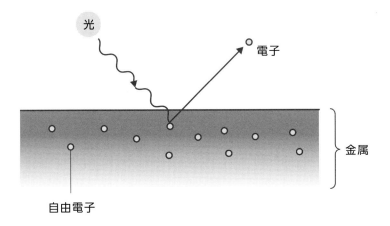

　話をわかりやすくするために、光量子仮説というよりは、光はエネルギー
$h\nu$ の光子の集団という前提で説明しましょう。まず、光電効果とは、金属
中の自由電子が、照射される光子1個を吸収し、$h\nu$ だけのエネルギーをも
らって飛び出してくるという現象だとします。実際、複数の光子を吸収す
る可能性もゼロではありませんが、非常にまれな現象なので、以下の説明
では無視します。

　光電効果の特徴を理解するには、光子のエネルギーが $h\nu$ であることに加
えて、電子が金属中に存在するときの結合エネルギーという量も重要です。

　物質中にいる電子が、外に飛び出すためにもらうべき最低限のエネルギー
のことを、その電子の結合エネルギーといいます。電子が原子との結合を

振りほどくために必要な最低限のエネルギーという意味です。くぼみに落ち込んでいたビー玉が勢いをもらって、くぼみから脱出するというイメージで考えればいいでしょう。

———————— 図 5-3 • ビー玉を穴から脱出させる ————————

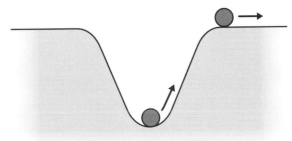

登るのに費やした
エネルギーの分だけ勢いを失う

登るだけの勢い（エネルギー）を
もらえれば外に飛び出す

電子がもらったエネルギーが結合エネルギーぎりぎりだったら、飛び出した電子には勢いはほとんどありません。結合エネルギーよりも多くもらった分が、飛び出した電子がもつ勢いになります。

飛び出した電子がもつエネルギー（勢い）
＝ 電子がもらったエネルギー － 結合エネルギー

ということです。

また、逆のプロセスも重要です。離れていた電子が原子核に引き付けられて結合したとします。今度は逆に、結合エネルギーの分だけエネルギーを放出しなければなりません。そうでないと、原子に落ち込んだ電子には

勢いがあるので、また外に出てきてしまいます。これも、くぼみに落ち込む玉を考えればわかりやすいでしょう。勢いを失わなければ、また外に出てくるでしょう。

　つまり、原子核と電子が結合した状態は、結合せずばらばらになった状態（ただし電子には勢いはないとする）よりも、結合エネルギーの分だけエネルギーが少ない状態にあるのです。結合時に放出した分だけエネルギーは少なくなっています。

　光電効果に戻りましょう。飛び出してくる電子は、金属中の特定の原子内で結合しているのではなく、金属全体を動き回り、金属全体と結合しているという状態です。これを自由電子といい、金属で電流が流れるのもこの自由電子のおかげです。

　自由電子の結合エネルギーは可視光線の光子のエネルギーと同程度なので、可視光線を照射すると金属から電子が飛び出すことになります。ただし振動数が小さな可視光線では $h\nu$ が結合エネルギーよりも小さくなり、飛び立たせるほどの勢いを電子に与えられなくなります。

　以上のことを前提にすれば、光電効果の3つの特徴は容易に説明できるでしょう。電子は最初は金属中に束縛されているのですから、それを金属からはじき出すには、ある一定以上のエネルギーを与えて勢いをつけなければなりません。つまり光子の ν がある程度大きくないと、いくら光子をたくさん照射しても電子は出てきません（特徴1）。また、ν が大きくなればなるほど、光子を吸収した電子のエネルギーが増えるわけですから、飛び出してきたときの勢いも大きくなります（特徴2）。また特徴3ですが、光の色を変えないまま明るくするということは、光子1個ずつのエネルギーは変えないが光子の数を増やすということです。したがって、飛び出してくる電子の数が増えるでしょう。そしてすでに述べたように、これらの特

徴は、1915年のミリカンによる実験で明確に実証されました。

光量子仮説を裏付けるその他の現象

光量子仮説に関連した日常的な現象としてよく言われることとして、日焼けは紫外線によって起こる、赤外線では起こらないという話があります。日焼けは肌の分子が、外からやってくる光子と衝突して分解するという現象だと考えれば、なぜ紫外線なのかがわかるでしょう。紫外線とは可視光線よりもさらに振動数が大きな電磁波だからです。

人間に遠方の星が見えるということも、光が粒子であることの証拠となります。光が波だったら、星からの光のエネルギーは全方向に広がり薄まってしまい、眼の網膜の分子はそれに反応できません。しかし光のエネルギーが光子という塊でやってくれば、そしてその一つが眼に入って網膜の分子と反応を起こせば、人間はそれを感じることができます。

光が粒子からできていることの確信を人々が得たのは、1923年の、コンプトンとデバイの2人による、光が電子にぶつかって跳ね返る現象の観測をしたときだと言われています。はねかえった光の振動数の変化（つまり光子のエネルギーの変化）と、ぶつかられたことによる電子の動きの変化を観察すると、まさに、2つの粒子が衝突したときに生じる結果と同じでした。この現象は、今では**コンプトン散乱**と呼ばれています。

———————— 図 5-4 • コンプトン散乱 ————————

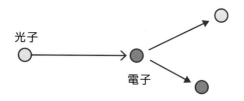

光子が電子に衝突すると電子は動き出し、
光子の動く方向は変わり、振動数は減る

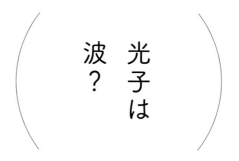

光子は
波？

—— 現代版ヤングの実験

　このように、光は粒子の集団だということになると、では前章の、「光は波」という主張はどうなったのでしょうか。干渉という現象によって、光は波であることが立証されたのではないでしょうか。

　人によっては、光は粒子（光子）の集団なのだから、その集団の波が光の波なのではと考えるかもしれません。音波が空気分子の集団の波であるというのと同じイメージです。しかしそれは正しくありません。光（電磁波）は電場と磁場の波ですが、光子の波ではありません。強いて言えば光子が

波なのです。

　そのことを示す興味深い実験があります。干渉の存在を明らかにしたヤングの実験（2スリット干渉実験）を思い出してください（52ページ）。19世紀のヤングの実験で使われた光は、目にも見えるような明るい光でした。つまり光子で考えれば光子の集団です。したがって、光子の集団が波のように振る舞って干渉を引き起こすと考えてしまうのも仕方ないでしょう。

　そこで、その光の強さをどんどん弱くしたら何が起こるかを考えてみましょう。現代の技術を使えば、光子が1個ずつ間隔を置いて飛んでくるようになるほど微弱な光を作り出すこともできます。そのような光で2スリット実験をしたらどうなるでしょうか（実際の実験の動画がアップされているので、是非、一度見てください→「単一フォトンによるヤングの干渉実験（浜松フォトニクス）」）。

　実験では、まず光子が1個飛んできて、2つのスリットが開けられた板を通り抜け、後ろのスクリーンにぶつかって痕跡を残します。痕跡が残るのはスクリーン上の1点だけです。だから、粒子である光子が1個だけ飛んできたということが確認できるわけです。痕跡は1点だけなので縞模様になるはずもなく、干渉が起きているのかいないのか、まったくわかりません。

　しかし実験を続けていくと光子が1個ずつ次々と飛んできて、スクリーン上に痕跡を1つずつ残します。そしてそれらの痕跡をすべて集めると、ヤングが19世紀の実験で示したような縞模様が出現します。

　前章の説明によれば、干渉縞とは2つあるスリットのそれぞれを通り抜けた波が重なり合うから発生する現象です。干渉には必ず2つの（あるいはそれ以上の）成分が同時に存在する必要があります。しかしこの現代版2スリット実験では、光子1個ずつがばらばらに飛んでくるので、別の光子が影響を及ぼし合うことはありえません。それでも最終的に干渉縞が出現

するとすれば、<u>1個の光子が、各スリットに対応する2つの状態をもっている</u>ことになります（「状態」という言葉の意味を定義していないので曖昧な表現ですが）。

　従来の粒子像では、粒子というものは各時刻で1か所にだけ存在し、その位置が時間とともに移動していくというのが基本でした。その動きを表す線が軌道です。しかしこの実験での光子は、少しだけですが離れている2つのスリットの位置を同時に感じながら移動しているということになります。軌道というイメージにこだわれば、1個の粒子でありながら、片方のスリットを通る軌道と、もう一方のスリットを通る軌道の両方をもっており、それが干渉したと考えざるをえません。その干渉の結果として、最終的に縞模様の暗部となる部分には光子は到達しなくなると考えれば、実験を繰り返したときに痕跡の集団が縞模様になることが説明できます。

　しかし1個の粒子が同時に複数の軌道をもつということはありえるのでしょうか。実は、これについては物理学者の意見は一致していません。アインシュタインは光が光子の集団であると主張しましたが、その光子が、従来の意味での粒子であるとは主張していません。20世紀の新しい粒子像でのみ理解できるものだと考えればいいのです。

　ただ、そもそも「20世紀の新しい粒子像」とは何かと言われれば、論争の種になる話になります。少なくとも、「複数の位置に同時に存在しうる」、正確に言えば、「ある1つの位置に存在するという状態が、複数、同時に共存しうる」（1つの状態の中では1個の粒子は、ある1か所に存在するが、そのような状態が複数あるということ）という粒子像でなければならないでしょう。私はこの考え方を支持していますが、まだ観測にかかっていないミクロな粒子に対して、どこに存在しているかといった表現は使うべきではない、あるいはどこに存在するかという設問自体に意味がないという人

もいます。本書ではこの問題に深入りしませんが（その必要もないので）、次章では少しだけ、電子についてこの話を続けることにします。

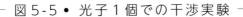

図5-5 • 光子1個での干渉実験

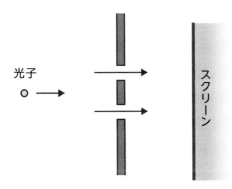

光子

スクリーン

光子1個でも
2つの経路があり
それがスクリーン上で
干渉を起こす

PARTICLE COLUMN
新しい粒子像（量子力学）の解釈問題

　ここで、本章そして次章にも関係する話題に触れます。光は粒子である、といっても「20世紀の新しい粒子像」での粒子であると説明してきました。そして次章では、電子も、そしてその他の素粒子も、この新しい粒子像によって理解しなければならないという話をします。

　この新しい粒子像に基づく新しい物理学が量子力学なのですが、そもそも、この「新しい粒子像」が何なのかについては、まだ論争の種になっているとも説明しました。これは、量子力学が信頼できない学問であるということではありません。その計算方法は確立しており、その計算結果は、見事な精度で観測結果と一致しています。つまり結果は問題ない

のですが（まったく問題ないというと語弊がありますが）、途中の計算過程が、現実のどのようなプロセスに対応しているのかを説明しようとすると、意見が一致しなくなるのです。

　私には私なりの主張があり（いわゆる多世界解釈派に属します）、それに基づき、「粒子は1個であっても状態は複数、共存する」という説明をしますが、では、2スリットの干渉実験をしたとき、一回の実験では粒子（光子）はなぜ1か所にだけ観測される（ように見えるのか）を説明する必要が生じます。そのため、我々の世界は実は多くの、互いに影響を及ぼしえない「多くの世界」の共存状態であるという説明をすることになります。いわゆるパラレル・ワールド（並行宇宙）という話です。

　それに対して、粒子は人間が観測するまで、どこにどのように存在しているのかは語るべきではないという、量子力学登場のときからの主張があり、それが「標準解釈」あるいは「コペンハーゲン解釈」と呼ばる考え方の根幹になっています（次章で登場するボーアがその主唱者です）。実際、量子力学の教科書にはそちらの紹介だけで済ませているものが多いようで、少なくとも量子力学で具体的な計算をする上では、それで十分なのです。アインシュタインはどちらとも違う主張をしていたということも付け加えておきましょう。

　この問題は私の専門分野でもあるのですが、本書ではこの問題には深入りしません。自己宣伝をさせていただくと、少し古いですが、『量子力学が語る世界像』（ブルーバックス）は多くの人に読んでいただけました。また最近、『量子力学の解釈問題：多世界解釈を中心として』（サイエンス社）という本を上梓しましたが、こちらは量子力学をかじった人ではないと難しいでしょう。

第 6 章

新しい物理学

量子力学

新しい粒子像の2つの特徴

　アインシュタインは最初は自制して、エネルギーの塊という意味で光量子と呼びましたが、これからははっきりと、粒子であることを意味する光子（フォトン）という言葉を使うことにします。ただしそれは20世紀的意味における新しい粒子像での粒子なのですが。

　新しい粒子像については前章の最後でも少し説明しました。前章で指摘したのは、各時刻で（一般には）位置が決まっていないという性質です。ある位置Aにある状態、別の位置Bにある状態……というように、複数の状態が共存しています。このような説明をしようとすること自体に反対する人もいるという話を前章でしましたが、ここでは反対もあることを念頭においた上で話を続けます。

　複数の状態が共存していると言っても、すべてが同等に存在するわけではありません。存在の程度が大きい状態、小さい状態さまざまであり、存在の程度（共存度）という量をグラフで表すと、波のような形をしているということが、粒子が波の性質を示す（干渉現象を引き起こす）理由でもあります。「存在の程度」という量はプラスとは限らず、マイナスになったり、一般には複素数にもなります。旧来の粒子像では理解しにくい量ですが、ここではあまり深入りはしたくないので、そのような量だと天下り的に認めてください（その絶対値の2乗を存在確率と呼ぶ人もいますが、それは間違いであることは指摘しておきます）。

新しい粒子像の、まだ説明していなかったもう一つの（第二の）性質は、粒子が生成・消滅するということです。電磁波（光）は物質から、具体的には電子やその他の粒子から放出されたり、それらに吸収されたりすることは誰でも知っているでしょう。そして電磁波が光子の集団だとしたら、それは光子が生成されたり消滅したりすることを意味します。そして光子ばかりでなく他の粒子も生成・消滅されうるということが、20世紀の素粒子物理学を理解するうえでの出発点になるのですが、その話は次章以降で深めることにします。実際、次章以降ではこの第二の性質が話題の中心になりますが、この章に限っては、第一の性質、つまり「複数の状態の共存」、そしてその結果として波のような現象が生じるという点が、中心的なテーマになります。

原子の構造についての2つの疑問

第4章と第5章は光、そして光子が話の中心でしたが、ここでまた、第3章の原子の問題に戻ります。第3章で話したことは（39ページ）、原子とは中心の原子核と、その周囲の電子から構成されているが、電子がどのように動いているかを考え出すと理解できなくなるということでした。電子は電磁波を放出して勢いを失い、中心の原子核に落ち込んでしまう（原子はつぶれる）はずなのに、そんなことは起きていないのはなぜかという疑問でした。別の言い方をすると、原子中には、それ以上エネルギーを失わない、

最低エネルギー状態（**基底状態**）というものがあるようだが、それはなぜかという問題です。

　もう一つ疑問がありました。原子内の電子が電磁波を放出する（エネルギーを失う）ことがないわけではありません。実際、電磁波が放出されることはあり、もしその振動数が ν だとすれば、電子は $h\nu$ だけのエネルギーを失った、つまりそれだけエネルギーの小さい状態に移り変わったことになります（遷移したといいます）。また、振動数 ν の電磁波が原子に吸収されたとすれば、電子のエネルギーが $h\nu$ だけ増えたことになります。実際、さまざまな振動数の電磁波（光子）が放出されたり吸収されたりするので、それを観測することによって、原子内の電子がもちうるエネルギーの大きさが推定できます。

　「もちうるエネルギー」という表現を使いましたが、もし原子の構造が太陽系のようなものだったとしたら、どのようなエネルギーでももちうるはずです。太陽系と言うよりも、地球と人工衛星で考えたほうがわかりやすいかもしれません。人工衛星はその速さをうまく調整すれば、どの高度でも地球を旋回するようにできます。つまり人工衛星がもちうるエネルギー（勢い）には制限はありません（エネルギーに応じて高度はうまく調整しなければなりませんが）。同様に、従来の力学で考えれば、原子内の電子がもちうるエネルギーには制限はないはずです。

　しかし実際に、原子から放出あるいは吸収される電磁波の周波数から推定した結果、電子がもちうるエネルギーは無数にあるが、任意の値ではありえず、ある決まった、飛び飛びの値にしかならないことがわかりました。連続的ではなく離散的であるといいます。

　結局、従来の力学では理解できない、2つの現象が発見されたことになります。ラザフォードらの実験が行なわれた1910年頃の話です。まとめれば、

問題の1：原子はなぜつぶれないのか。

問題の2：原子内の電子のエネルギーはなぜ飛び飛びなのか。

ということになります。

ボーアの量子条件

　上記の問題を解決するために試みられたのは、従来の力学に、新たに条件を付けることでした。従来の力学の枠組では可能な運動であっても、ある条件を満たさなければ現実には実現しないとするのです。プランクは、光を放出する粒子の運動に制限を付けて放射の光の問題を解決しようとしましたが（プランクの量子仮説、69ページ）、ボーアはそれに似た条件を、原子核の周囲を回る電子の運動に課したのです。**ボーアの量子条件**と呼ばれています。

　その条件を課すと、原子核を回る電子の運動で可能なもののエネルギーは飛び飛びであり、また、それよりエネルギーの小さな運動はないという、最低エネルギーをもつ運動（基底状態）がある、ということがわかりました。

　そうだとすれば、上の2つの問題は解決します。問題の2は明らかでしょう。また、最低エネルギーで運動している電子は、それ以上、エネルギーを失って（放出して）別の運動を始めることは不可能なわけですから（そのような運動はボーアの条件によって排除されるので）、エネルギーは失えません。つまり電子は原子核に落下することができず、原子はつぶれない

ということになり、問題の1も解決します。

　さらに、条件を満たす運動のエネルギーを具体的に計算すると（ただし正確な計算が可能なのは、電子が1個だけの水素原子の場合ですが）、かなり幸運な事情もあって、測定値とよく一致しました。

　といっても、ボーアの条件というのは天下り的なものでした。プランクの議論を踏襲したものでしたが、プランクの議論自体が天下り的なもので、説得力のある根拠は示されていませんでした。

　そのような状況の中で登場したのが、次に説明するド・ブロイの物質波仮説であり（1923年）、前章の、新しい粒子像ということにつながる話になります。

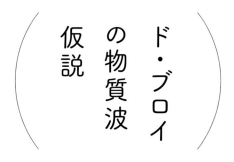

ド・ブロイ
の物質波
仮説

　前章、そして本章の冒頭にも述べたように、アインシュタインが提案した光子という粒子は、新しい粒子像でしか理解できないものです。そこでド・ブロイは、電子も（そしてすべてのミクロな粒子も）、光子と同じく、新しい粒子像でのみ理解できるものではないかという発想をもちました。

　新しい粒子像では、粒子の位置は広がりをもちます。そしてその広がりは波によって表されます。波は、粒子のさまざまな状態の共存の程度を表すと説明しましたが、ここでは、あまり難しく考える必要はありません。各時刻での粒子の状態は波で表されるということを認めてもらえれば、こ

れからの話では十分です。物質を構成する電子などの波という意味で、この波を**物質波**と呼びます。

　実はド・ブロイ自身も、この波が何を意味しているかについて、現在では認められていない主張をしています。波は「共存の程度」を表す量であるという冒頭の説明は、後に登場する現代的見方です。量子力学の歴史に特別の関心をもつ人でなければ、そのような話に深入りするのは無益なので、ここではともかく、粒子の状態は数式的には波によって表されるとだけ理解してください。

　ド・ブロイの主張のポイントは、電子を物質波だと考えると、ボーアの条件が導かれるということでした。まず、電子が原子核の周りを、円を描いて回っているとします。電子が従来の意味での粒子だとすれば、単にその粒子がこの円周上をぐるぐる回っているだけですが、もし電子が波として表されるのなら、その波はこの円周上を波打っていることになります。

　ここでド・ブロイは、アインシュタインの光量子仮説での関係式を使います。光量子仮説では、光子のエネルギーは振動数に比例します。したがって波長が短くなると（つまり振動数が増えると）、光子の勢いは大きくなります。同じことを電子と物質波の関係についても考えると、物質波の波長が短くなると電子の勢いが大きくなります。詳しく調べると、電子の速さと、それに対応する物質波の波長が反比例することが導かれます。

　次の図の、円軌道を描いている電子の波を考えてみましょう。原子核からの距離が決まっているので、従来の力学の問題として解くと、電子の速さが決まります。そして速さが決まれば、上の議論で波の波長が決まります。そしてド・ブロイは、波長の整数倍が円軌道の長さ（つまり円周 $2\pi r$）に一致するべきであると考えました。波長を λ（ラムダ）とすれば、その整数倍とは、λ、2λ、3λ、……のいずれかだということです。

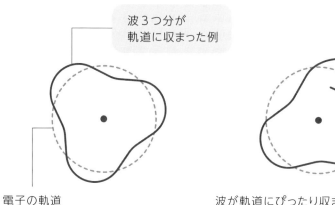

図6-1 • ド・ブロイの条件

波3つ分が
軌道に収まった例

電子の軌道

波が軌道にぴったり収まらなかった例

　この意味は、わかりやすいでしょう。そうでないと、一周したときに波は元に戻りません。戻らないと、軌道上の各点での波の大きさが決まらなくなってしまいます。電子の状態は波の形によって決まるという新しい立場に立てば、各点で波の大きさが決まるべきだというのは、状態が決定されるための当然の条件になります。

　しかし、古典力学で求められる運動では、一般には、円周の長さは波長の整数倍に一致しません。つまりこの条件は特別の軌道を選び出すことになるのですが、それがボーアの量子条件と一致することをド・ブロイは示したのです。

　エネルギーが変わると軌道の長さ（円の半径）も変わるので少しわかりにくいのですが、1波長に一致する軌道、2波長に一致する軌道、というように波の数が増えると軌道は外側にいき、エネルギーは大きくなることが示されます。したがって、基底状態があること（1波長に一致する軌道に相当）、そしてエネルギーが飛び飛びに変わることが説明されました。

壁にはさまれている場合

　原子よりも単純なモデルで、ド・ブロイの議論を説明しましょう。図の線 AB 上に閉じ込められた粒子を考えます。線の部分しか動けない、一次元的なモデルです。両端には壁があって、その外側には出られません。原子の場合にははっきりした壁はありませんが、原子から逃れられないという条件を考えれば、数学的には似た状況です。

　このモデルで、どのような物質波が可能かを考えてみましょう。両端で波は終わりという条件から、両端では波は固定されている、つまり大きさが 0 でなければなりません。その条件で可能な波を考えると、波長の長い順番から図のようになるでしょう。

─────── 図 6-2 ● 壁の間に収まった波 ───────

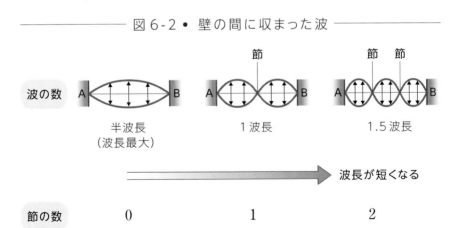

波の数		
半波長 （波長最大）	1 波長	1.5 波長

波長が短くなる

節の数		
0	1	2

　図の左から、1波長の半分だけの波、1波長分の波、1.5波長分の波というようになります。波長の長さは、この順番に短くなっています。波長が短くなれば振動数は大きくなるので、エネルギーは、図の右にいくほど大きくなります。

　このように考えれば、一番左の波が最低エネルギーの状態（基底状態）、そして右にいくほど、エネルギーが飛び飛びに増えていくことがわかるでしょう。

　エネルギーの大小は、波の節の数と対応させるとわかりやすくなります（数学的にも正しい考え方です）。この例では、節の数が右の図にいくほど1つずつ増えていき、同時にエネルギーも増えていきます。この事情は原子の場合も同じであり、波の節が増えるとその状態のエネルギーも増えます。波長が増えるか減るかを議論する必要がなくなるので、話が簡単になっています。

$$\left(\text{シュレーディンガー方程式} \right)$$

　電子も光子と同様に、新しい意味での粒子であるというド・ブロイの発想は非常に大胆なものでした。このとき彼は大学院生だったのですが、指導教官であったランジュバンはアインシュタインに彼の博士論文を送って意見を求めたそうです。アインシュタインは大いに興味を示し、非常に好意的な返事の手紙を書いています。

　ただ、電子の状態が本当に波で表されるとしたら、図6−1に描いたような、一つの軌道上だけで波を考えるというのには不満が残ります。波が一つの線上に限定される理由はなく、一般には空間全体に、つまり三次元的に広がると考えるのが自然でしょう。この、三次元的な波を決めるための方程式が**シュレーディンガー方程式**と呼ばれているもので、シュレーディンガーは従来の力学の理論からの類推で、この方程式を発見しました（1926年）。このシュレーディンガーの新理論が、**波動力学**、あるいは**量子力学**と呼ばれているものです。

　量子力学は、別の議論からも導出されました。ボーアの仲間（弟分）であったハイゼンベルクが、ニュートンの運動方程式を行列に関する方程式に拡張して導いたものです。この理論を**行列力学**と呼びますが、これとシュレーディンガーの波動力学とは、見かけはまったく違うが数学的には同等であることが示されました。量子力学とは、波動力学と行列力学全体を指す用語です。ニュートン以来の従来の力学（古典力学）に代わる新しい理論が登場したのです。また、古典力学と量子力学に違いが出るのは、電子や光子といったミクロな粒子レベルの現象であることもわかりました。つまり古典力学が全否定されたのではありません。

PARTICLE COLUMN
電子を使った現代版ヤングの実験

　電子を光子と同類のものとして扱うという発想は大胆ですが、量子力学の登場によって、理論的にありうる考え方であることが示されました。また現実の世界でも、原子のことを含め、量子力学の正しさはさまざまな現象で確かめられていきますが、電子が20世紀的意味での粒子（つまり波の性質をもつ粒子）であることを見事に示した実験があります。電子を使った現代版ヤングの実験（2スリット実験）です。

　光子についての2スリット実験は76ページで説明しました。光子1個ではスクリーン上に1点の痕跡ができるだけですが、それを繰り返して痕跡を集めると縞模様が出現するという話でした。光子1個に対しても、2つのスリットそれぞれを通る複数の軌跡があり、それが干渉を起こすということでした。

　まったく同じ現象が電子でも現れることを示したのが日立総研の外村でした。彼は、勢いがそろった電子のビームを発生させました。ただし多量の電子が同時にやってくるビームではなく、非常に微弱なビームで、電子は1個ずつばらばらに飛んでくるというものです。そしてそのビームを、2スリット板と同様の装置を通し、その後ろのスクリーン上のどの位置に到達するかという実験をしました。

　結果は光子の場合と同様でした。電子が到達するたびにスクリーン上の痕跡の点は1つずつ増えていき、無数の痕跡が全体としてきれいな縞模様となったのです。これは20世紀の最も美しい実験として評価されています。この実験も動画にされているので、是非一度、見てください（「誰も見たことのない世界を見る（前・後）（日立中央研究所）」）。

パウリ原理とスピン

　本章では、電子を波と考えることによって原子の2つの問題が解決するという話をしました。ただしそれは原子中に電子が1個あるという場合の話で、具体的には水素原子の場合に相当します。しかし自然界には多くの種類の原子が存在しており、それは、原子内の電子の数の違いに対応しています。では電子が複数あるときはどう考えたらいいのでしょうか。それらの基底状態とはどのようなものでしょうか。

　この問題は、水素原子での議論を拡張すれば解決するのですが、議論の過程で、電子についてこれまで知られていなかった2つの性質が発見され、それが本質的な役割を果たしていることがわかりました。その2つの性質とは「**パウリ原理**」と「**スピン**」です。この2つの性質はこの本でも後で顔を出すので、簡単にですが、ここで説明しておかなければなりません。

　少し面倒な話になりますが、シュレーディンガーの理論の結果とド・ブロイの最初の提案との違いを説明しておいたほうがいいでしょう。シュレーディンガーの理論では、波は3次元的な広がりをもったものなので、軌道という曲線上だけで波を考えるド・ブロイとは具体的な結論が異なります。

　ド・ブロイの場合は基底状態は軌道が波長1つ分になる、つまり途中で波の節が2か所にあるという波でした。しかしシュレーディンガー方程式を使った正しい計算では、基底状態の波は、原子核の周りを回ってもまったく変化せず、原子核から遠方に向かう方向に徐々に減っていくという、節

がどこにもないというものでした。

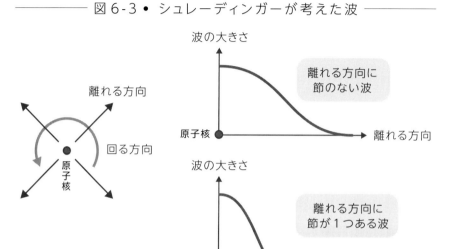

────── 図 6-3 • シュレーディンガーが考えた波 ──────

節が1つある波は、エネルギーが最も小さい（ただし基底状態よりは大きい）、**第一励起状態**と呼ばれるものに対応します。節は、遠方に向かう方向を見たときにできてもよく、またその方向には節はないが原子核の周りを回転するときに節が現れても構いません。原子核の周りを回るといっても、回る方向には3方向あるので3通りあります。それを前者と合わせれば、第一励起状態には4種類、あることになります。

以上のことを知った上で、電子が複数ある原子を考えてみます。まず、水素の次に簡単な原子はヘリウムです。これは電子を2個もっています。そしてヘリウム原子の基底状態では、電子は2個とも、節のない状態になっています。基底状態とはエネルギーが最も低い状態ですから、そうなるのは当たり前とも思えますが、実はそれほど単純ではないことが後でわかります。

　次の原子はリチウムで、これは電子を3個もっています。そしてそのうちの2個は節なし状態、そして1個は節1つの状態になっています（水素原子の第一励起状態に相当）。それからネオンまで（13ページの表を見てください）は、電子が1個ずつ増えていきますが、そのうち2個は節なし状態、そして残りは節1つの状態になります。電子10個のネオンでは、節1つの状態の電子は8個です。そしてさらに電子がもう1個増えてナトリウムになると、その1個は、節の数がもう1つ増えた状態（水素原子でいえば第二励起状態）になります。

　まとめると、節なし状態には電子が最大2個、節1つの状態（4通りある）には電子が最大8個、さらに電子数が増えると、それよりも節が多い状態になるということです。以上のことから何がわかるでしょうか。なぜこのようになるのでしょうか。

　この疑問は、「**パウリ原理**」と「**スピン**」という2つのことから説明されます。まずパウリ原理とは、<u>同時に複数の電子が一つの状態にはなれない</u>ということです。そして、電子はスピンという性質をもっており、それがどんな性質なのかはともかく、その値は正負の<u>2通り</u>しかないということがポイントです。大きさ自体は本書では問題ではないので、その値は ± 1 としていいのですが、ある理由でしばしば $\pm \frac{1}{2}$ と書きます。

　これらの性質の詳しい内容はともかく、この2つのことから原子内の電子のことを説明しておきましょう。まず、波の形が同じでもスピンの違いを考えれば、状態としては2つあることがわかります。したがって節なし状態の電子は2個まで可能です。それ以上はパウリ原理から不可能なので、リチウムでは1つは節1つの状態にならなければなりません。節1つの状態は波としては4通りなので、スピンまで考えれば8つの状態があります。したがって電子も8個まで、節1つの状態になりえます。電子がもう1個増え

れば、それは節2つの状態になります（97ページの表参照）。

　このようにして原子内の電子の状態が明らかになったのですが、説明は
かなり天下り的でした。まず、パウリ原理はなぜ成り立つのでしょうか。
残念ながらここでは説明できませんが、量子論を数式化する過程で、数学
的には不思議ではないことがわかりました。第1章でさまざまな粒子の名
を出しましたが、すべての粒子が「パウリ原理を満たす粒子」と「満たさ
ない粒子」に分類されることがわかったのです。満たす粒子のことを総称
して**フェルミオン**、満たさない粒子のことを**ボソン**と呼びます。それぞれ、
フェルミおよびボースという物理学者の名前からとられたものです。これ
らは特定の粒子について付けられた名前ではありません。

　電子はフェルミオンで光子はボソンです。電磁波（光）とは一般に膨大
な数の光子が集まったものですが、光子がボソンだからそれが可能なので
す。フェルミオンとは特殊な性質のように思うかもしれませんが、実は過
半数の素粒子がフェルミオンです。

　まとめておきましょう。

フェルミオン（フェルミ粒子）（電子など）
パウリ原理を満たす粒子。1つの状態には1個しか存在できない。

ボソン（ボース粒子）（光子など）
1つの状態に無数の粒子が存在できる。パウリ原理は満たさない。

　次に、スピンとは何でしょうか。しばしば「粒子の自転のようなもの」
という説明が見られます。そもそもspinとは自転という意味の単語です。
確かに自転とスピンとは似た部分もありますが、電子のスピンは自転では

ありません。電子は（現時点では）大きさのない粒子だとみなされており、したがって自転のような現象はありえません。また、自転の大きさが2つだけということもありえないでしょう。

　ではスピンとは何でしょうか。ここでは、古典力学では理解できない、数学的な量だとしか言えません。強いて何らかのイメージをもちたければ、自転のようなもの、あるいはミクロな棒磁石のような性質と頭に入れておいてください。棒磁石のどちらがN極でS極かの違いが、スピンの2つの状態に相当するというイメージです。磁石の性質もその多くは電子のスピンが原因となっています。

原子中の電子の配置

水素（電子1個）

● 基底状態（節のない状態）　　● 励起状態（節がある状態）
基底状態と励起状態は、光子の吸収・放出によって入れ替わる

ヘリウム（電子2個の基底状態）

● 節のない状態に電子2個

リチウム（電子3個）の基底状態

● 節のない状態に電子2個　　● 節1つの状態に電子1個

酸素（電子8個）の基底状態

● 節のない状態に電子2個　　● 節1つの状態に電子6個

ナトリウム（電子11個）の基底状態

● 節のない状態に電子2個　　● 節1つの状態に電子8個
● 節2つの状態に電子1個

PARTICLE COLUMN
電子殻（electron shell）

　前ページの最後の表は、高校化学の教科書ではしばしば、電子殻の話として登場します。たとえばナトリウム原子の場合、電子は11個存在しますが、それを

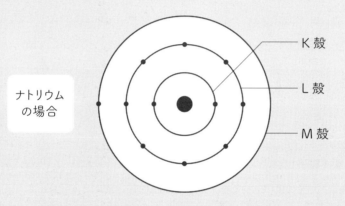

ナトリウムの場合

K 殻

L 殻

M 殻

のように表現します。たとえば一番内側の円には電子が2個配列されていますが、それは節のない状態にある電子2個を表しており、その円をK殻と呼びます。その外側の円がL殻で、節1つの状態。そこには8個までの電子が存在できます。そしてナトリウムの場合は、そのさらに外側のM殻に電子が1個存在します。節が2つの状態です。

　これは前ページの表をわかりやすく図示する方法として便利なのですが、それぞれの電子が、このように円周上で運動していると考えてはいけません。位置は波によって表され、広がっています。ただし、たとえばK殻の電子はL殻の電子よりも平均として内側にあると言うことはできます。

第 7 章

粒子の生成と消滅／質量エネルギー

光子の生成・消滅

── バーテクス

　前章冒頭では、光は粒子であるということから見えてきた20世紀的粒子像の第2の性質として、粒子は生成・消滅するということをあげました。この本で解説する素粒子物理学ではむしろ、この性質が話の中心になります。

　まず最初に、光子の生成・消滅ということを整理しておきましょう。物体から光や赤外線が出る、あるいはアンテナから電波が出るという現象は、粒子レベルで見れば、原子から、主としてその中の電子から光子が放出されるという現象です。原子内に最初から光子があってそれが出てくるのではなく、電子から光子が「生成」するという現象です。

　同様に、光や赤外線が物体に吸収されるのも、光子が原子内に取り込まれるのではなく、光子が電子に吸収されて消滅するという現象です。

────── 図 7-1 ● 光子は放出・吸収される ──────

電子が光子を放出　　　　　　電子が光子を吸収

このプロセスを図示してみましょう。図7-1の(a)は、電子が光子を放出するプロセスを表します。プロセスは図の左から右に向かって進むと考えてください。つまり最初は粒子は1個だけだったのが、ある時点で2個になったことを示しています。実線が電子を、波線が光子を表しており、電子が光子を放出する様子が描かれています。電子はelectronなのでeと記し、光子はガンマ線の意味でγ（ギリシャ文字のガンマ）と記します。ガンマ線といえば非常に振動数が大きい（波長が短い）電磁波のことですが（61ページ参照）、ここでのγは一般の光子を表しており、振動数に制限は付けません。

電子の線に矢印を付けていますが、これは電子が右に動いているということではなく、「ここでは」、時間がこの矢印の方向に進んでいることを意味します。わざわざ「ここでは」と書きましたが、後で、矢印が時間の流れと逆方向になる場合も出てきます。

同様に図7-1の(b)は、電子が光子を吸収するプロセスを表します。(a)と(b)は異なるプロセスを表していますが、プロセスの進行方向を無視すれば、どちらも図7-2になります。

———————— 図7-2 • 電子と光子の関係の基本 ————————

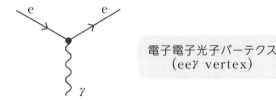

電子電子光子バーテクス
(eeγ vertex)

厳密には式を書いてみてわかることですが、自然界には図7-2で表される「電子と光子によるプロセス」があり、それが状況によっては図7-1の(a)

のように光子放出という現象を生み出し、別の状況では(b)のように光子吸収という現象を生み出すのです。つまり図7−1の(a)も(b)も、図7−2で表される自然界の基本法則の結果だということです。

　図7−2のように3つの粒子の線が集まっている点を**バーテクス**（vertex、結節点）といいます。特に図7−2の場合は2つの線が電子、1つの線が光子なので、**電子電子光子バーテクス**（eeγ バーテクス）と呼びます。

このバーテクスは図7−1の(a)と(b)以外の現象も引き起こします。実際、図7−2は図7−3の(c)から(f)のようにも描けます（図7−3は図7−1の続

─────── 図7-3 • eeγ バーテクスによる諸プロセス ───────

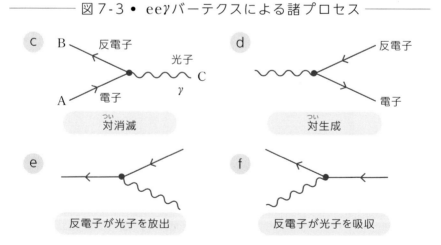

きです）。これらはそれぞれ、どのような現象に対応しているでしょうか。

　(c)では（図7−1の(a)や(b)と同様に）現象の進行方向はあくまでも図の左から右です。したがって図7−3の4つの図はすべて、矢印の向きと時間経過とが逆になっている線を含んでいます。これは何を意味しているのでしょうか。

　たとえば(c)の場合、粒子Aと粒子Bが衝突し、光子Cになって出て行くという図です。AとBが衝突して消滅し、光子Cに変わったという言い方もできるので、「**対消滅**」ともいいます。

　Aは矢印が普通の方向を向いていますから、これまでと同様に電子です。では粒子Bは何でしょうか。電荷が−1の電子と合わさって電荷のない光子になるのですから、Bは電荷が＋1の粒子でなければなりません。自然界では、どのような変化が起きても電荷の合計は変わらないという基本原理（電荷保存則）が、観測上の厳然たる事実として成り立っているからです。

　実は、量子力学が確立した頃、粒子には一般に**反粒子**というものが存在するという予測が理論的になされました。相対性理論がからんだ話なので、ここでその論理を説明することはできませんが、電子に対しては反電子、陽子に対しては反陽子というように、すべての粒子に対してそれに対応する反粒子が存在するという主張です。そして、粒子と反粒子は質量は同じ、しかしその他の性質は逆になっていると予測されました。たとえば電子の電荷は−1なので、反電子の電荷は＋1でなければなりません。ただし反粒子は元の粒子と同一という「中性的」な粒子もあります。たとえば光子はその一例で、反光子は光子と同じです（中性子は電荷は0、つまり電気的には中性ですが、中性子と反中性子は違う粒子です。磁気的な性質が逆になっています）。

　電子に限っては、その反粒子を反電子（anti-electron）とは呼ばずに**陽**

電子（positron）と呼ぶのが普通です。紛らわしいので呼び方を変えようと努力した人もいたようですが、いったん根付いてしまった名称を変えることはできませんでした。本書ではそのときの気分で反電子と書いたり陽電子と書いたりすると思いますが、ご了承ください。

実際、反粒子が存在することは実験でも確かめられました。そして反粒子というものの存在を知れば、(c)の粒子Bは反電子であることがわかるでしょう。つまり線の矢印と時間経過の方向が逆の場合、つまり粒子が過去に向かっているように見える線は、実際は反粒子が普通に未来に向かって進んでいると見ればいいのです。

したがって(c)の場合、Aと記した線は電子、Bと記した線は反電子であり、(c)全体としては電子と反電子の対消滅という現象を表していることになります。対消滅したとしても元の2個の粒子のエネルギーはなくならないので（エネルギー保存則）、そのエネルギーをになうものとして光子が出現しています。

同様に考えれば、図3の(d)は電子と反電子の、光子からの**対生成**です。また、(e)は反電子による光子の生成、(f)は反電子による光子の吸収、ということになります。

このように、電子電子光子バーテクスというものが自然界の原理として

存在するのならば、光子が生成・消滅するのと同様に、電子も生成・消滅するプロセスがある、という結論が導かれました。ただし電子の場合は常に、反電子の生成あるいは消滅が伴（ともな）っているので、対生成、対消滅という言い方をします。

　しかし実際に、光子から電子が対生成する現象は、我々の身の周りに起きているでしょうか。我々の身の周りには光が、つまり光子が充満しています。それから電子・反電子対が生成しているといった現象が頻繁に起きているとしたら、かなり悲惨です。生成した反電子が我々の体にぶつかれば、体を作っている物質の原子内の電子にぶつかり、対消滅現象を起こすでしょう。そうなれば光子が生成するので、我々の体は神々しく光り輝くことになりますが、その代償として原子は電子を失って壊れていきます。原子でできているすべての物質の運命も同様です。

　実際にはそのような現象は起きていません。対生成や対消滅、そしてその他のあらゆるプロセスが現実に起こるには、単にバーテクス（あるいは複数のバーテクスの組合せ）によって、そのプロセスの図が描けるというだけでは不十分です。図が描けるということが第一前提ですが、それに加えて、**エネルギー保存則**、そして**運動量保存則**という、自然界のすべての現象に適用される法則が満たされなければなりません。

　我々の身の周りにある光子は、電子・反電子の対生成を引き起こすには、エネルギーがまったく足りません。だから我々は安心して生きていけるのですが、このことを理解するには、そもそも電子のエネルギーとは何かということを説明しなければなりません。

　19世紀までは、つまり古典力学（ニュートン力学）では、単独の（つまり周囲から影響を受けていない）粒子1個がもつエネルギーとは運動エネルギーのことで、式で書くと $\frac{1}{2}mv^2$ となります。m とはこの粒子の質量（重

さ)、そして v とは速度です。物理の教科書に出てくる式ですが、知らなく
ても問題ありません。質量や速度が大きくなればエネルギーも大きくなる
ということがわかれば十分です。たとえば質量が大きければ衝突したとき
の衝撃が大きいでしょうから、その粒子がもっていたエネルギーも大きい
のは当然でしょう。速度についても同様です。また速度については2乗と
なっていますが、そのため、逆方向に動いている (速度がマイナス) ときも、
エネルギーはプラスになります。エネルギーという量は、粒子がどちら方
向に動いていても、その速さ (速度の絶対値) が同じならば変わりません。
なぜ $\frac{1}{2}$ という係数が付いているのかは気にする必要はありません。

しかし粒子のエネルギーが $\frac{1}{2}mv^2$ だけだと考えると、対生成や対消滅が
起きたときに不自然なことになります。速度 v がゼロならば (つまり粒子
が止まっていれば)、エネルギーもゼロになってしまうからです。しかし電
子のようなミクロなものと、人間のような大きな物体では、動いていなく
ても、単に存在しているだけでエネルギー的にも何らかの違いがあると考
えるのが自然でしょう。電子・反電子対は作り出すことができるとしても、
人間・反人間対が同程度に簡単に作れるとは思われません。

19世紀までは、物体 (あるいは粒子) は生成・消滅しない、不変なも
のだと考えられていたので、このような疑問が生じる余地はありませんで
した。しかし粒子の存在自体が変化するものだとしたら、存在すること自
体によって生じるエネルギーというものも考える必要が出てくるでしょう。
それが、アインシュタインの相対性理論の成果の一つとして登場した**質量
エネルギー**という量です。

ここでは天下り的に結論を言いますが、質量 m の物体 (粒子) は、止まっ
ている場合、

$$E (質量エネルギー) = mc^2 \qquad (7.1)$$

というエネルギーをもちます。これが質量エネルギーです。cとは光速度を表す定数です（秒速 30 万 km）。なぜこんなところに光速度が登場するのか不思議かもしれませんが、質量エネルギーと光の速度の間に直接的な関係があるとは思わないでください。自然界の法則には c という基本的な定数が含まれており、それが質量エネルギーの公式にも、あるいは光の速度の式にも登場すると考えてください（第 5 章で登場したプランク定数 h も、c と同様、自然界の基本的定数の一つです）。

　結局、質量 m の、単独で速度 v で動いている粒子のエネルギーは、

　　粒子1個のエネルギー

　　＝ 質量エネルギー ＋ 運動エネルギー ＋（補正項）

　　＝ $mc^2 + \dfrac{1}{2} mv^2 +$（補正項）　　　　　(7.2)

となります。速度 v が光速度 c よりも圧倒的に小さいという通常の状況では質量エネルギーのほうが圧倒的に大きいのですが、粒子の存在が不変ならば mc^2 という部分は変わらないので、変化分としては第 2 項の運動エネルギーが重要になります。

　また式 (7.2) で「補正項」とは、日常的な状況ではほぼ0なので無視して構いません。しかし v が c に近くなると重要になります。実際、v が非常に大きいときは上の式ではなく、厳密に成り立つ

$$E = \frac{mc^2}{\sqrt{1 - \dfrac{v^2}{c^2}}} \qquad (7.3)$$

という、相対論から導かれる式で考えるべきです。

式の嫌いな人は細かい点を気にする必要はないですが、以下の説明だけは読んでください。まず、分母の平方根の中は1より小さな数です。したがってその平方根も1より小さいです。1より小さな数が分母にあるので、右辺全体としてはmc^2よりも大きくなります。その大きくなった分が（vが小さければ）$\frac{1}{2}mv^2$になるというのが、式(7.2)です。

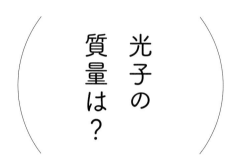

（光子の質量は？）

式(7.3)でおかしなことに気付いた人はいるでしょうか。もし粒子の速度vが光速度cに等しかったら、$\frac{c^2}{v^2}=1$ですから分母が0になってしまいます。分母が0の分数の値は（0で割っているということですから）無限大です。光子は光の粒子なので、その速度は光速度cに等しいはずです。では光子のエネルギーは無限大なのでしょうか。

もちろんそうではなく、光子のエネルギーは$h\nu$であると説明してきました。光子については式(7.3)が成り立たないと言ってもいいのですが、それでは、電子も光子も同じ意味での粒子であると主張してきたこれまでの話はどうなったのかということになってしまいます。

$v=c$でも式(7.3)が無限大にならないためには、分子も0になればいいのです。$0\div0$は答えが決まらない量ですが、少なくとも無限大である必要はありません。結局、速度cで動いている光子は、質量mが0の粒子だということになります。

　質量がない粒子というのは、19世紀まではありえない話でしたが、相対性理論の登場によって、ありえることがわかり、実際、そのような粒子が身の周りに存在していたのです。その場合はエネルギーの式として、式 (7.3) は間違いではないが実用にはならないので（$\frac{0}{0}$ になってしまうので）、別の式が必要となります。それが第5章の $E = h\nu$ という式です。この式は光子でなくても、（波として考えたときの）すべての粒子に当てはまります。

エネルギーと運動量の保存則

　現代的な粒子のエネルギーの表し方を説明しました。このようにエネルギーを定めると、粒子が生成・消滅するプロセスでもエネルギー保存則が成り立ちます。変化の前後で全エネルギーは変わらないということです。

　もう一つ、運動量という量があり、それに対しても運動量保存則が成り立ちます。運動量は直感的には粒子の勢いであり、19世紀までは質量×速度（$= mv$）として定義されていました。相対性理論が登場してわかった正しい式は

$$p \,(運動量) = \frac{mv}{\sqrt{1 - \dfrac{v^2}{c^2}}} \qquad (7.4)$$

です。分母が 1 ではない点が、新しい部分です。

　運動エネルギーと違って運動量は速度 v の 2 乗ではないので、プラスの

ときもマイナスのときもあります。たとえば同じ質量の2つの物体が逆方向から同じ速さでやってきて正面衝突し、くっついて合体したとしましょう（図7-4）。

———— 図7-4 • 同じ物体の正面衝突 ————

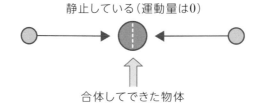

同じものが逆方向から同じ速さでやってくるのですから（左右対称の状況）、合体した後の物体は動かないでしょう。つまり合体した後の物体の運動量は0です。また衝突前の2物体の運動量は、大きさは同じですが向きは逆ですから、プラスとマイナスであり合計すれば0です。つまり衝突前と衝突後の全運動量はどちらも0であり変わっていません。これが運動量保存則で、粒子が生成・消滅するという場合でも成り立つ、普遍的な法則です。

ただし光子の場合は$m = 0$なので別の決め方が必要であり、

$$\text{光子の運動量} = \frac{h}{\text{波長}} \qquad (7.5)$$

となります。これは（波として考えたときの）すべての粒子に成り立つ式であり、ド・ブロイはこの関係を使って物質波の議論をしたわけです（86ページ）。

エネルギーと運動量は別の量であり、それぞれ別個に保存則が成り立つのですが、どちらもvで決まる量なので密接な関係があります。実際、式(7.3)と式(7.4)を使うと

$$E^2 - (pc)^2 = (mc^2)^2 \qquad (7.6)$$

という関係が導かれます。式が苦手ではない人は、計算して確かめてください。光子の場合も成り立つ式ですが光子では $m=0$ なので

$$E = |p|c \quad \text{(光子の場合)} \tag{7.7}$$

となります。$|p|$ とは運動量 p の絶対値という意味です。これは振動数（ν）と波長で書き換えると（h が打ち消し合って）、

$$\text{振動数} \times \text{波長} = \text{光速度}\,c$$

という式になります。これは 55 ページに書いた式そのものです。光子とか相対性理論とか、20 世紀の新しい話をしてきたのですが、波について昔から知られている関係式が出てきました。

$$\left(\text{仮想状態と実状態} \right)$$

　最後に、以上の話を踏まえた上で、この章の最初の部分で提起した問題に戻りましょう。電子電子光子バーテクスというものがあると、図7−1や図7−3に描いたさまざまなプロセスが描けるが、これらのプロセスは実際に自然界で起きているのか、という問題でした。

　まず、図7−3(d)の、電子反電子対消滅を考えてみましょう。電子と反電子が同じ速さで正面衝突して光子になったとします。電子の質量（＝反電子の質量）を m とすれば、それぞれのエネルギー（式(7.3)）は mc^2 以上で

すから、全エネルギーは$2mc^2$以上になります。したがって生成された光子のエネルギーも$2mc^2$以上です（エネルギー保存則）。

　一方、運動量は、同じ速さでの正面衝突ですから衝突前の全運動量は0です。したがって生成された光子の運動量も0です（運動量保存則）。したがって、光子に対して成り立つべき式(7.7)が成り立ちません。このように、式(7.6)あるいは式(7.7)が成り立たない状態にある粒子のことを**仮想粒子**、あるいは仮想状態にあるといいます。成り立つ場合は、**実粒子**、あるいは実状態にあるといいます。

　仮想状態として生成された粒子は、短時間で別の粒子を放出して、あるいは別の粒子を吸収して、実状態にならなければなりません。短時間とは実際にはどれだけかは、仮想状態が実状態からどれだけ離れているかによりますが、ほとんど瞬間的なプロセスだと考えてください。

注：ここの説明では、エネルギー保存則と運動量保存則は常に成り立つが、式(7.6)が瞬間的に成り立たないときを仮想状態と呼ぶと説明しました。それに対して、式(7.6)は成り立つが、エネルギー保存則が瞬間的に成り立たない状態を仮想状態と呼ぶ、という説明もあります。言葉で表現すると違って聞こえるでしょうが、実は同じことを別の見方で説明しているだけです。運動量保存則は成り立つのにエネルギー保存則は成り立たないという説明は私にはすっきりしないので、本書のように説明しました。しかし違った説明を読んでも、どちらかが間違っているとは思わないでください。

　電子・反電子の対消滅によって生成された仮想光子は、再度、対生成を起こして2個の実粒子になるのが普通のケースです。図に描くと図7-5のようになります。生成されるものは、最初と同じ電子・反電子対でもいいですが、別の粒子・反粒子対でも構いません。ただしその粒子が重ければ、質量エネルギーのため、エネルギーが不足して対生成が不可能になる可能性もあります。つまり、最初の電子と反電子のエネルギーがどれだけかによって、どのような最終状態が可能かが決まります。このプロセスは素粒子実験の基本として、特に新しい粒子を発見する方法として極めて重要なので、また後で詳しく説明します。

図7-5 • 対消滅から対生成へ

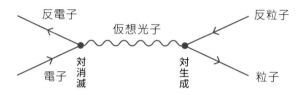

電子 ＋ 反電子 → 仮想光子 → 粒子 ＋ 反粒子
(最終状態の粒子は電子であってもなくてもよい)

　次に、熱い物質から光が放出されるという現象を考えてみましょう。図7−1(a)のプロセスが基本ですが、静止している電子が自然に光子を放出するということはありえません。静止している電子のエネルギーはmc^2だけですから、光子に与える余分のエネルギーがないからです（終状態にも電子が残るのですから、mc^2分のエネルギーは残さなければなりません）。

　しかし熱い物質の内部では、粒子（電子や原子核）間で光子の放出・吸収が絶えず繰り返されています。電子がそのような光子を吸収して、いったんエネルギーの大きい仮想状態となり、それが光子を放出して実状態に戻るというプロセスが起こります。これでは光子をいったん吸収してから放出するので、全体としては変化がないと思うかもしれませんが、吸収さ

図7-6 • 電子が光子を吸収し、また放出するプロセス

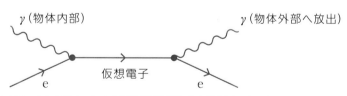

最初の電子のエネルギーが大きければ
最後の光子のエネルギーが大きくなれる

れる光子は低エネルギー、放出される光子は高エネルギーならば、結果として物体から可視光線が出てくるという現象にもなりえます。これが、物質から光が生成するメカニズムです。

───────── 図7-7 • 高エネルギー光子による対生成 ─────────

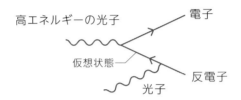

次に電子の生成について考えてみます。図7−3(d)は、電子と反電子が対になって光子から生成されるというプロセスですが、現実にこのプロセスは起こりうるでしょうか。まずエネルギーのことを考えてみましょう。すでに図7−5でも考えたように、電子・反電子対の全エネルギーは最低でも$2mc^2$ですから、最初の光子のエネルギーもそれ以上でなければなりません。光子のエネルギーは$h\nu$ ですから、ν が非常に大きな（つまり波長が非常に短い）電磁波の光子でなければなりませんが、実際に計算すると、波長が10^{-12}m以下でなければならないことがわかります。これはγ 線の電磁波です（61ページの表参照）。これが、我々の周囲に充満している光子からは電子が生成されない理由です。

ただし、いくら波長が短くても最初が実光子の場合には、生成した電子と反電子の少なくともどちらかは必ず仮想状態になります。その場合、仮想状態で生成した粒子は図7−7のように周囲から光子を吸収し、実状態に変換することになります（ただし最初が仮想光子ならば、2つとも実粒子になりえることは、図7−5で示した通りです）。

第 8 章

素粒子物理学の誕生

湯川の
中間子論

力に対する新しい考え方

——— 電気力の場合

　光量子仮説から始まった新しい粒子像では、粒子というものは生成も消滅もするものだということが明らかになりました。2物体間に働く力というものも、この、粒子の生成・消滅ということから説明されるようになります。この章ではこのことをまず、電気力の場合に説明します。そしてその後、原子核の内部で働いている新しい力、「核力」に対する湯川秀樹の中間子論の紹介に進みます。

　電荷をもっている2個の粒子の間には電気力が働きます。電荷がプラスどうし、あるいはマイナスどうしだったら反発し合う、つまり斥力であり、プラスとマイナスだったら引き付け合う、つまり引力です。

　電気力に対する最初の考え方は、力は粒子どうしの間で直接、働き合うというものでした。ニュートンの万有引力の場合と同じ考え方です。それが19世紀になり、電気力とは電場というものを介して粒子間に働くという考え方になりました（第4章参照）。

　20世紀になると、電場（そして磁場）というものの実体は、光子という粒子であるという発想が登場しました。したがって当然、電場を通しての電気力という考え方も、光子を通しての電気力という見方に変わることになります。

　電場による電気力とは、一方の電荷によって（粒子自体を単に電荷と呼

びます）その周囲の空間に電場が発生し、それが他方の電荷に力を及ぼすというものです。これを光子に置き換えれば、一方の電荷から光子が生成し、それが他方の電荷によって吸収される現象となります。光子は絶えず交換され続け、2つの電荷は影響を及ぼし合います。

─────── 図 8-1 • 光子の交換 ───────

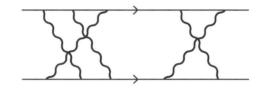

　光子の交換がなぜ力になるのか、それを理解するにはエネルギーという観点で考えるのがいいでしょう。まず、電荷が2つ存在するが、光子はまったく交換されていないとします。互いに影響を及ぼしていないのですから、電荷間の距離を変えても、この2電荷全体がもつエネルギーは変わらないでしょう。

　しかし、光子の交換が起きると、その影響によって2電荷全体のエネルギーは影響を受けるでしょう。そしてその影響の大きさは、2電荷間の距離によって変わるでしょう。距離によって、光子の交換のされやすさもその影響も変わるからです。

　まず仮に、光子交換の影響によって、2電荷全体のエネルギーが減るとします。近付けば影響も増えるでしょうから、エネルギーはさらに減るでしょう。一般に物は、エネルギーができるだけ低い状態に向かおうとします。そのほうが安定した状態だからと考えてください。つまりこの場合、2電荷は間隔を縮めて、全体のエネルギーを減らそうとするでしょう。このことを「力」という言葉で表現すれば、電荷間には引力が働いていることにな

ります。これが、2つの電荷の符号が異なる場合に相当します。

　2電荷の符号が同じだったら、光子交換による影響の符号は逆転します。厳密な説明はできませんが、バーテクスがもつ数値の符号が逆転するからだと考えてください。その場合は、光子交換によって2電荷全体のエネルギーは増えます。そして短距離になるほど余計に増えるでしょう。つまりこの場合、電荷は互いから遠ざかり、エネルギーを減らそうとします。これが斥力（反発力）の場合に相当します。

　まとめると、光子交換によるエネルギーの変化が、力という効果を生み出すのだということになります。

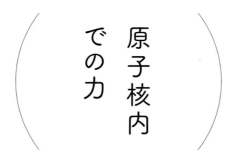

原子核内での力

　これまでの話は電子が中心でした。ここからは原子核の話に移ります。まさに素粒子物理学の本番に入ることになります。

　第1章で説明した原子核のことを復習しておきましょう。原子の中心には原子核と呼ばれる核があって、その大きさは原子の大きさの1万分の1程度です。原子と比べても非常に小さいことが特徴です。

　原子核は陽子と中性子という2つの粒子の集団です。これらは質量はほぼ同じですが電気的には異なり、陽子の電荷は＋1（電子の電荷を−1とする）、中性子の電荷は0、つまり電気的に中性です。原子によって陽子の数も中性子の数も違いますが、その数はほぼ同じ、中性子のほうがやや多い

というのが一般的傾向です。陽子の数は周囲にある電子の数と同じであり、原子全体としては電荷が0になるようになっています。

　一番簡単な原子核は陽子1個だけの水素原子核ですが、中性子が1個ついた二重水素、2個ついた三重水素というものも、まれに存在します。これらはどれも周囲の電子は1個なので原子としてはすべて水素ですが、原子核としてはまったく異なるものです。陽子の数は同じだが中性子の数が違う原子のことを**同位体**（アイソトープ）と呼びます。

　陽子と中性子を総称して**核子**と呼びます。原子核を構成する粒子という意味です。記号としては陽子（proton）はp、中性子（neutron）はn、そして核子（nucleon）は大文字でNと記すことにします。

　以上は、単に事実を整理しただけですが、ではこれらの事実を物理的にどのように説明できるでしょうか。電子が原子核の周囲に存在するという原子の構造は、電子と原子核の間に働く電気力を、量子力学という枠組で考えることにより説明できました。これは1920年代の物理学の成果でした。

　では、上記のような原子核の構造はどのように説明できるでしょうか。これは特に、1932年に中性子が発見されて以降の物理学者の課題になりました。当然、次のような疑問が生じるでしょう。

疑問1：陽子は電荷をもつので陽子どうしは電気力で反発するはずである。なぜ陽子どうしは結合できるのか。

疑問2：中性子は電荷をもたないので電気力は働かない。なぜ中性子どうし、あるいは陽子と中性子は結合できるのか（中性子には磁気力は働くが微弱である）。

疑問3：原子核の大きさは原子全体と比べて、なぜこんなに小さいのか（10万分の1程度）。

疑問4：原子核内の核子数には限度がある。自然界に存在する最大の原子

核はウラン（ウラニウム）の同位体で、陽子 92 個、中性子 146 個を含んでいる。これより大きな原子核も人工的に作り出せるが、すぐに分解してしまう。なぜ原子核の大きさには上限があるのか。

核 力

　たくさんの疑問があるように見えますが、これらはすべて、一つの解答を示唆しています。その解答とは次の通りです。

「核子の間には、電気力（電磁気力）ではない未知の力（引力）が働いている。この力は短距離では電気力よりも強い。しかし距離が長いと急速に弱くなり電気力よりも弱くなる。」

　この、1930 年代初頭までは未知であった力を、とりあえず**核力**と呼びます。原子核内で働いている力という意味です。
　上記の解答について説明を加えておきましょう。核力とは、電気力とは別の力ですから、粒子がもつ電荷とは関係ありません。陽子と中性子に同程度の大きさで働きます。そして少なくとも短距離では電気力よりも強いので、核子を結び付けます。また、力が強いことで、核子間の距離が、電気力で結び付く原子核と電子の距離よりも短いことが説明されます。
　疑問 4 は、核力が長距離では電気力よりも急速に弱まることから説明さ

れます。核子がいくらたくさん集まっても、核力はすぐ近くの核子どうし
でしか働きません。しかし電気力は遠方まで働くので、陽子が集まれば集
まるほど、電気力による反発が大きくなります。そのため、ウラン以上の
巨大な原子核は作れないのです。

湯川の中間子論

上で述べたような核力が存在すれば問題は解決しそうですが、ではその
力の発生源は何でしょうか。これまで知られていた物理学の法則から導か
れるものなのでしょうか。

電気力に対する新しい見方については、本章の最初に説明しました。光
子という粒子の交換による力だという発想です。核力についても、何かの
粒子の交換だろうということで、電子やニュートリノ（次章参照）の交換
という考え方も提案されましたが、効果が弱すぎてうまくいきませんでし
た。そこで湯川秀樹は、核力のもつべき特徴を満たす、未知の粒子を導入
することを提案しました（1934年）。

この粒子はπ中間子あるいはパイオン（pion）と呼ばれることになるので、
記号ではπと記すことにします。前項で電子と光子に対して考えたことを、
ここでは核子とπ中間子で考えることになります。

基本はバーテクスですが、ここでは**核子核子中間子バーテクス**となりま
す（図8−2）。

─────── 図 8-2 • 一般的な核子核子中間子バーテクス ───────

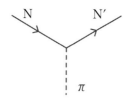

　図でNとN′は核子つまり陽子または中性子を表します。NとN′は同じ場合も違う場合もあるので、とりあえず違う記号で表しておきます。π中間子には電荷が $+1$、0、-1 のものの三種があり、区別するときは、π^+、π^0、π^- と書きますが、図では一般的に π と書いてあります。そのうちのどれになるかは、核子がどれであるか、そして π はバーテクスに入って行くのか出て行くのかによって変わります。

　NとN′が同じだったら（どちらも陽子、またはどちらも中性子）だったら、電荷が変わらないのですから π は電荷をになうことができず、π^0 になります。

─────── 図 8-3 • 具体的なプロセス ───────

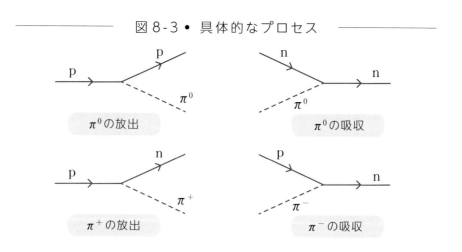

　また、たとえば陽子（N＝p）が中性子（N′＝n）に変わる場合、電荷が1だけ減っています。それをπで調節しなければならないので、πが入って行くという状況ならばπ⁻、出て行く状況ならばπ⁺となります。

　そして、2つの核子はπ中間子を交換し合って力を及ぼし合います。これが湯川理論での核力の起源です。電気力の場合の図8−1に対応しますが、電気力と違うのは、力が強いこと、そして短距離でしか働かないという2点でした。まず力が強いということは、バーテクス1つずつの効果が大きいことに対応します。式で表す場合は、このバーテクスの強さを表す定数（結合定数と呼ぶ）が大きくなります。

図 8-4 ● 核力の起源

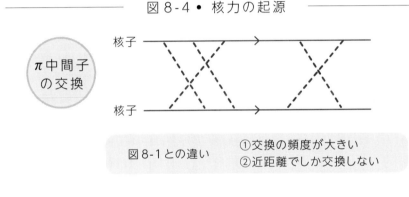

π中間子の交換

核子

核子

図8-1との違い
①交換の頻度が大きい
②近距離でしか交換しない

　力の到達距離については、交換される粒子（図8−1ならば光子、ここではπ中間子）が仮想状態である程度を考えなければなりません。仮想状態という言葉の意味については前章で説明しましたが、交換される粒子は一般に式(7.6)を満たす実粒子にはなりえず、満たさない仮想粒子になります。仮想粒子は短時間しか存在しえず、生成源の粒子に戻るか、相手側の粒子に吸収されるかしなければなりません。その時間は、式(7.6)の両辺がずれるほど短くなるので、大きくずれる場合は、力は短距離に限定されること

になります。

　式 (7.6) の両辺がどれだけずれるかは、その粒子の質量に依存します。交換される粒子の場合、式 (7.6) の左辺は必ずマイナスになることが示せるので（計算は少し面倒ですが、エネルギー保存則と運動量保存則を使って計算すると証明できます）、右辺の質量が大きいほどずれが大きくなります。光子は質量 0 の粒子なので、電気力は最も遠方まで届く力になります。逆に、核力を短距離力にするには、π 中間子に質量をもたせればいいことになります。質量をもつ粒子は、全体のエネルギーが小さい状況では生成されてもすぐに消えなければならないと考えれば、直感的に理解できるでしょう。

　現実の核力の伝達距離は原子核の大きさから推定でき、湯川はそのことから、π 中間子の質量は核子の 10 分の 1 程度であると推定しました。電子と比べれば 200 倍ということで、両者の中間的な質量をもつという意味で**中間子**（メゾン、meson）という名が付けられました。π は、以後、発見されるさまざまな中間子を区別するために付けられた記号です。

（π 中間子の発見）

　π 中間子は 1947 年に発見され、1949 年の湯川のノーベル賞受賞に結び付くのですが、その発見までには紆余曲折がありました。素粒子物理学の研究が実際にどのように進むのかを理解する上でも、簡単に説明しておきましょう。

　まず1936年、湯川が予言した質量にほぼ近い質量をもつ粒子が発見されました。これは宇宙線実験で、霧箱を使って発見されたものです。宇宙線とは宇宙から地球に飛んでくる高速粒子のことで、主として陽子です。そしてこれが大気中の原子に衝突し、さまざまな粒子を生成することがあります。粒子が別の粒子と相互作用して新たな粒子を生成させるというのは、前章での電子生成メカニズムの応用として考えればいいでしょう。

　霧箱とは、特殊な状態になった水蒸気（過飽和状態）を詰めた箱のことで、その中を電荷をもった粒子が通ると、その道筋に沿って水滴が生成して軌跡がわかるという装置です。その箱に電場をかけておくと、粒子が電荷をもっていれば曲がるので、曲がり方からその粒子の質量が推定できます。

　霧箱を宇宙線にさらした実験で、適切な質量をもった新粒子が見つかったのですが、これはπ中間子ではありえないことがわかりました。上空で生成し地表まで到達しているのですが、それはπ中間子ではありえないことでした。π中間子は原子核と強く相互作用するので、つまり原子核に引き付けられて吸収されるはずなので、大気を通り抜けて地表に到達することはありえないからです。

　そこで、この粒子には別の記号μ（ミュー）が付けられたのですが、これは宇宙線によって生成したπ中間子が崩壊して生じた粒子ではないかという主張が坂田たちのグループらによってなされ、実際そうだったのです（坂田については153ページ）。

　π中間子は、上空に上げた気球にのせられた乾板によって発見されました（パウエル、1947年）。宇宙線によって生成した粒子を、大気に吸収されないうちに上空で写真乾板でとらえ、そこに生じた痕跡から粒子の動きを調べるという装置です。これによって、π中間子の通った軌道、そしてそれからμ粒子が生成して動いていく軌道が観測されました。

ではμ粒子とは何か、π中間子がμ粒子に崩壊するとはどのようなメカニズムかといった新たな問題が生じますが、それは次章のテーマになります。

PARTICLE COLUMN
湯川理論と日本

今から見ると湯川の核力の理論は当然の発想なのですが、最初は批判的に迎えられたそうです。未知のものを導入した説明は問題の先送りに過ぎないと見られたのでしょう。すでに知られている法則をもとに説明できてこそ、物理学であるという発想です。そのような趣旨のボーアの発言が残っています。ドイツでも若い物理学者が湯川と同様の提案をしようとして、大御所パウリに批判され、つぶされたという話が残っています。何事にも批判的だったことで有名なパウリならば、さもありなんという印象です。まだ発展途上の日本にいたことが、湯川にとって幸運だったのかもしれません。ただしその後、日本で、若い物理学者の画期的な発想が先輩の発言でつぶされたという話も残っています。それについては171ページで紹介します。

1934年という時代に世界を動かす理論が日本で誕生したというのは、近代科学の歴史が浅い日本にとって驚くべきことと言えるかもしれません。しかしこの時代にすでに、物理学の基礎が日本に根付いていたことも間違いありません。原子物理の分野で言えば、クライン－仁科の公式と呼ばれる有名な式が1929年に導かれています。仁科芳雄はボーアの下で学んだ後、帰国して日本の現代物理学を育てました。弟子には朝永振一郎（140ページ）や坂田昌一（153ページ）などがいます。朝永は三高、京都大学での湯川の同期で、戦時中に行なった繰込み理論の研究で、日本の二番目のノーベル賞受賞者になっています。また坂田は複合粒子モデルで有名で、その弟子が益川、小林（229ページ）

というように日本の伝統が続いています。

　ボーアは1937年に、アインシュタインはすでに1922年に来日し、日本の学界との交流を深めています。といってもアインシュタインの場合は出版社主導の招聘だったようで、日本への航海中にノーベル賞受賞のニュースが入ってきたこともあり、日本社会全体を騒がすイベントになったそうです。

ハドロン

　湯川の理論を、素粒子物理学の誕生を意味する仕事として紹介しました。これによって初めて、原子核のことが科学的に議論できるようになったという意味で間違いではありませんが、現在では核子も π 中間子も、真の意味での「素」粒子とはみなされていません。第1章でも説明したように、それらは自然界の基本粒子ではなく、クォークと呼ばれる粒子の複合粒子だということがわかったからです。

　現在、核子や π 中間子の仲間の粒子が多数、発見されています。これらは核子どうしを衝突させて生成することができますが（加速器実験）、短時間で元の核子や π 中間

湯川秀樹

子に崩壊してしまうので、身の周りに日常的に存在する粒子ではありません。

　これらはすべて、クォーク（および反クォーク）から構成されています
が結合の様子が異なる粒子だということがわかっています（第10章）。これ
らの粒子、つまり複数の（反）クォークから構成されている粒子を総称して、
ハドロンと呼びます。日本語では強粒子とも呼ばれ、強い相互作用をする粒
子（次章参照）という意味です。電子や光子はハドロンではありません。

　ハドロンは大きく分けて、バリオン（重粒子：核子およびその仲間）と、
メゾン（中間子：パイオンおよびその仲間）に分類されます。図に描くと、
次のようになるでしょう。覚える必要はありませんが、また第10章で出て
くるので、必要があったときに参照してください。

―――――――――――― 図 8-5 • ハドロンとは？ ――――――――――――

バリオン	・核子（陽子・中性子） ・Δ粒子（第10章） ・その他	メゾン （中間子）	・π中間子（パイオン） ・その他

ハドロン（クォークからなる複合粒子）

用語解説	
バリオン（重粒子）	核子（陽子・中性子）と性質が似た粒子の総称
メゾン（中間子）	パイオンと性質が似た粒子の総称
ハドロン（強粒子）	メゾンとバリオンの総称 （強い核力をもつ粒子、クォークからなる複合粒子）
クォークとは無関係の粒子 （ハドロンではない粒子）	電子、μ粒子、ニュートリノ、光子その他

第 9 章

弱い相互作用

原子核についてのもう一つの疑問

　前章では原子核について、陽子や中性子がどのように結合しているかという話をしました。核力という力を考えたのですが、これはしばしば「強い核力」と呼ばれることもあります。では、強くない核力、「弱い核力」とは何でしょうか。

　原子核について、もう一つ、不思議な現象がありました。それは放射線、特にベータ線（β線）と呼ばれる現象です。一般に放射線とは原子核から何かが飛び出してくる現象を指します。放射線を出す原子核は放射性原子核と呼ばれ、特殊な原子核ですが、原子炉などで作られ、また自然界にも一定の割合で存在しています。

　放射線には、主にアルファ（α）線、ベータ（β）線、ガンマ（γ）線というものがあります。α線はヘリウムの原子核です。陽子2個と中性子2個の集団であり、この組合せは非常に結合が強いので、しばしばまとまって行動します。その結果、あまり結合の強くない大きな原子核から、この組合せが飛び出してくることがあり、それがα線です。

　γ線とは文字通り光子のことです。原子核内で活発に動いている核子がエネルギーを放出するときに出す粒子であり、その仕組みが改めて問題になるような現象ではありません。

　β線とは電子のことです。つまり原子核から電子が飛び出してくる現象です。しかしこの電子はどこからくるのでしょうか。もともと原子内の電

子は**原子核の周囲を動いているはず**です。そしてその動きは量子力学によって説明されています。原子核という狭い領域の中に電子があるというのは、量子力学では理解し得ないことです。

　中性子という粒子の発見により、この電子は原子核内部に最初からあったのではなく、中性子が陽子に変わる過程で飛び出してくるものだということがわかりました。実際、β線を出した後の原子核では、中性子nが1個減り、陽子pが1個増えています。最近、原子炉関係で話題になっている例で言えば、三重陽子（トリトン）（pnnという組合せ）がβ線を出してヘリウム3という原子核（ppnという組合せ）に変わるプロセスです。1個のnがpに変わっています。

　この変化は、電荷保存則からも想像できます。中性子は電荷が0、陽子は＋1、そして電子は－1ですから、β線が出る前と出た後で電荷の合計が変わっていないことがわかるでしょう。逆の言い方をすれば、中性子が陽子に変わるためには、マイナスの電荷をもつ電子を放出せざるをえないということです。

　では、なぜこのような変化が起こるのでしょうか。何かわからないが、未知の（20世紀的意味での）力が働いているのではとの発想で、「**弱い核力**」という名が付けられました。ただ粒子の変換のことを力と呼ぶのはあまり適切だとは思えないので、現在は普通は**弱い相互作用**と呼んでいます（これに対して前章の核力は**強い相互作用**と呼び、電気力／磁気力つまり光子による力を**電磁相互作用**といいます）。

β崩壊とニュートリノ

強い相互作用は湯川の中間子論によって、とりあえず説明されました。「とりあえず」としたのは、クォークという粒子の導入によって話は変わるからですが、それは次章で解説します。

では、弱い相互作用はどう説明されるでしょうか。そのことを理解する前に、β崩壊についての、さらなる発見を説明しておかなければなりません。

β**崩壊**という言葉を使いましたが、中性子がβ線（電子）を放出して陽子に変わる現象をこう呼びます。しかし、中性子は陽子と電子が結合したもので、それが分解するのだと考えてはいけません。いけない理由は幾つかあげられますが、主に数学的なので深入りはしません。しかし陽子と中性子が、核子という一つのグループに入る仲間だと考えれば、陽子と電子の結合が中性子だと考えるのは不自然であるとは納得できるでしょう。前章までの流れで言えば、中性子から陽子への変化は、バーテクスを基本にして考えなければなりません。実際、中性子が陽子に変わるバーテクスは122ページでも示しましたが、このとき出てくるのはπ中間子であって電子ではありません。ここでは出てくるのが電子なので、前章とはまったく違うメカニズム（そしてまったく違うバーテクス）を考えなければなりません。

β崩壊の理解の第一歩となったのは、実際には、「中性子が陽子と電子に変わる」というだけのプロセスではないということでした。電荷だけを考えていれば、中性子が陽子と電子に変わるというのはつじつまが合った話

です（これはすでに説明しました）。しかしエネルギーを考えると、問題が出てきました。β崩壊の観察で、出てきた陽子と電子のエネルギーを足しても、元の中性子のエネルギーに足りなかったのです。微妙な話なのですが、数値を示しておきましょう。

　まず、3つの粒子の質量は次の通りです。

<blockquote>

中性子……939.6

陽子………938.3

電子………0.5

</blockquote>

　MeVという単位を使っていますが、比率だけが問題なので、単位は問題ではありません。数値だけに注目してください。

　陽子と中性子は同じ仲間の粒子であり、質量差はほとんどありません。しかしその差よりも電子はさらに軽いので、中性子の質量エネルギーは、陽子と電子の質量エネルギーをまかなっておつりが出ます。エネルギー保存則が成り立つならば（変化の前後で全エネルギーが等しいならば）、そのおつりは陽子と電子の動きのエネルギー（運動エネルギー）になっているはずです。しかしこれらの運動エネルギーを測って足しても、元の中性子の質量エネルギーには足りなかったのです。

　エネルギー保存則がわずかに破れていると主張する人もいました。しかしエネルギー保存則とは自然界に成り立つ、神聖侵すべからざる法則であるという考えも根深く（そう考えるに十分な理論的根拠もあります）、パウリは、失われたように見えるエネルギーは、観測からもれている未知の粒子が運び去っているのだという提案をしました（1930年）。その当時は仮想上のものであった粒子を、**ニュートリノ**と呼びます。ただしβ崩壊の場合は、以下ですぐにわかる理由のため、ニュートリノではなくその反粒子

の反ニュートリノとなります。つまりパウリは、β崩壊とは

中性子n → 陽子p ＋ 電子e ＋ 反電子ニュートリノ $\bar{\nu}_e$

というプロセスだと主張したのです。後になってわかったことですが、
ニュートリノには三種あるので、ここでは電子と対になって出てくるニュー
トリノという意味で電子ニュートリノという言葉を使います。ニュートリ
ノの記号は ν（ギリシャ文字のニュー）ですが、添え字に電子のeを付け
ています。また、ν の上に「−」を付けましたが、これは反粒子である
ことを示しています。

> 注：反粒子を記号で表すときは一般に、粒子の記号の上に「−」を付けます。たとえば反電子（陽
> 電子）は記号で表すときは $\bar{e}$ となります。ただし電子と陽電子を e^-、e^+ と記す流儀もあります。

　β崩壊でニュートリノという粒子が出ているとすれば、その粒子は少な
くとも次の3つの性質をもっていなければなりません。

性質1：電荷は0（電荷保存則から当然です）

性質2：質量はほとんど0（上の反応で反ニュートリノが持ち去れること
　　　　　ができる余分のエネルギーは非常に少ないので、質量エネルギー
　　　　　はあったとしても非常に小さくなければなりません。ただ、厳密
　　　　　には0ではないことが最近の実験で明らかになっており、素粒子
　　　　　物理学の最前線の問題となっています）

性質3：他の粒子と、ほとんど相互作用しない（β崩壊で出てくるという
　　　　　ことは、他の粒子と相互作用しているということです。つまり他
　　　　　の粒子とつながるバーテクスはあります。しかしそれまで検出か
　　　　　ら漏れていたということは、相互作用が非常に弱いということに
　　　　　他なりません。実際、地球の表から飛び込んだニュートリノはそ
　　　　　のほとんどが、裏からすり抜けていくことがわかっています）

弱い相互作用のバーテクス

── W 粒子

ニュートリノの発見の話に入る前に、ベータ崩壊がなぜ起こるかについて考えてみましょう。電気力も強い核力も、力を媒介する粒子を使ったバーテクスによって理論づけてきました。β 崩壊も同様のことを考えます。

実はそのためにも、ニュートリノという粒子を付け加えることが大いに役に立ったのです。実際、もし上の反応でニュートリノがないとしたら、図9−1のような中性子陽子電子バーテクスを考えることになるでしょう。少し理屈っぽい話になりますが、このバーテクスはありえないのです。

────── 図 9-1 • ありえないバーテクス ──────

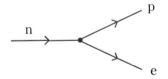

フェルミオン3本のバーテクスはありえない

これまでの電子電子光子バーテクスや核子核子中間子バーテクスでは、矢印を付けた線が2本、そして波線あるいは破線で表した線が1本、くっついています。これは偶然ではありません。

　前に、すべての粒子はフェルミオンとボソンの2種類に分けられるということを説明しました（96ページ）。パウリ原理を満たすかどうかという区別でしたが、この区別は、それぞれの粒子を数学的に表現するときの大きな違いに対応しています。そしてこの違いのため、バーテクスに入る線の中でフェルミオンは偶数でなければなりません。0本の場合もありますが通常は2本です（フェルミオンのもつスピンという性質に起因することなのですが、数学的な話になるので、ここではこれ以上は説明できません）。

　これまでのバーテクスでは電子、あるいは核子がフェルミオンなので、この条件を満たしていました。しかし図9－1では、3本の線がすべてフェルミオンなので、この条件を満たしていません。つまり数学的な理由で、図9－1のバーテクスはありえないのです。

　しかしニュートリノが加わると事情が変わります。ニュートリノもフェルミオンだとすればいいのです。そうすればフェルミオンが4本という偶数になりますが、これまでのようにフェルミオン2本、ボソン1本というバーテクスで考えるには、4つのフェルミオンを2つずつに分けて、それを、弱い相互作用を媒介する粒子（ボソン）で結べばいいのです。また矢印の方

図 9-2 • β崩壊の真のメカニズム

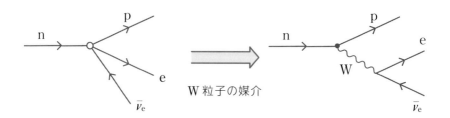

向から、なぜニュートリノを反ニュートリノとしたのかもわかるでしょう。矢印の方向と粒子が出て行く方向が逆になっています。

　ここでさらに1個の粒子が新たに導入されました。これを**W粒子**（Wボソン）と呼びます。強い核力の原因として π 中間子を導入した湯川の発想にならって、弱い相互作用の原因として W 粒子を導入したのです。

　W 粒子がもつべき性質を2つあげておきましょう。

性質1：電荷が +1 と −1 のものがある（それぞれを W$^+$、W$^-$ と書きます。図 9−2 では W はマイナスの電荷をもっていなければならないので W$^-$ ですが、その反粒子が W$^+$ です。W$^+$ から見れば W$^-$ が反粒子です）

性質2：非常に重い（長距離では働かない力なので、媒介する粒子にはある程度の質量がなければなりません（仮想状態という問題、112ページ参照）。さらに、β 崩壊は π 中間子交換による強い力よりもはるかに微弱な（頻度の少ない）現象であることから、W 粒子は π 中間子よりもさらに（はるかに？）重いと想定されました）

　弱い相互作用は中性子の β 崩壊によって発見された現象ですが、これ以外にも、W 粒子によって引き起こされる（と思われる）さまざまな現象があり、それらを総称して弱い相互作用と呼びます。例としては π 中間子がミューオンになるプロセス、あるいはミューオンが電子になるプロセスなどがありますが、それについては後の章で解説します。

　また状況によっては陽子が反電子とニュートリノを放出して中性子に変わることもあり、これも W 粒子によるプロセスです。これは実際に太陽の内部で起きている現象であり、太陽が輝くためのエネルギー源に他なりません。これについては本章の最後で解説します。

ニュートリノの発見とW粒子の困難

　β崩壊の理論を作るには、ニュートリノ、そしてW粒子という、2種の粒子を導入する必要があることがわかりました。そのうちのニュートリノについては、1956年に問題は解決します。

　レインズとコーワンという人が、原子炉を使った実験で、ニュートリノの存在を立証したのです。方針は次の通りです。

　原子炉では放射性原子核が多量に生成するので、β崩壊も頻繁に起こり、（パウリの主張が正しいのならば）多量のニュートリノが生成しているはずです。そのニュートリノを、大きな鉄のパイルで受け止め、鉄の原子核内の陽子と、

　　反電子ニュートリノ　$\bar{\nu}_e$ ＋ 陽子p → 中性子n ＋ 反電子 $\bar{e}$

という反応を起こすのを検出します。反電子という、この反応がなければありえない粒子が検出されるという点がポイントです。

　鉄のパイルの前には大きなブロックが置かれているので、ニュートリノ以外の粒子はすべて遮断されます。したがって、鉄のパイルのところで何かの反応が起きれば、それはブロックを通り抜けしまうような、非常に透過性の強い粒子によって引き起こされたことを意味します。そのような粒子は、ニュートリノしか考えられないというのが、彼らの実験の趣旨でした。もちろんニュートリノのほとんどは鉄のパイルさえも通り抜けますが、そ

のうちのわずかな部分が、上記の反応を引き起こすのです。このようにして、間接的ですがニュートリノの存在が検証されました。

　ではW粒子のほうはどうでしょうか。これは、ある理由があって核子の数十倍もの質量をもつ粒子であると予測され、だとすればW粒子を生成するには、その質量エネルギーに匹敵するだけのエネルギーをもつ粒子（たとえば陽子）のビームを作り出さなければなりません。つまり巨大な加速器が必要だということです。しかしこれは20世紀末に実現し、実際にW粒子は発見されるのですが、これについては他にも語らなければならないことがあり、第13章のテーマになります。

　W粒子については、もう一つ、大問題がありました。そもそもW粒子を含む理論が作れなかったのです。ここまでW粒子の話をしてきて今さら何だと言われそうですが、これまで、素粒子物理学の理論上の難しさという話は避けてきました。ここでそのことについて触れなければなりません。

　新粒子の導入は、言葉だけでは簡単に進む話のように聞こえるかもしれませんが、実際にはハードルがあります。粒子があれば、それを表す量を理論に導入し、それをもとにしてさまざまなプロセスにおける観測量を理論的に計算しなければなりません。しかし素粒子物理学での計算には常に、「無限大の問題」という困難が立ちはだかっていました。バーテクスで生成した粒子が元に戻ると、図にループが生じることでこの問題が起こります。このループで表される粒子はすべて仮想状態ですが、仮想状態ではエネルギーと運動量の間に制限がないので、すべての可能性を足し合わせると答えが無限大になってしまうのです。

———————— 図9-3 ● 仮想粒子のループ ————————

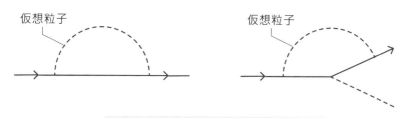

仮想粒子　　　　　　　　　　　　仮想粒子

ループを含むプロセスは無限大をもたらす

　π中間子の理論では、この問題は比較的容易に解決しました。無限大は出るのですが、その出方が限られているので、うまく組み合わせて処理すれば有限の答えが得られます。このように、無限大の量を処理して有限の答えを出すという手法を、**繰込み理論**と呼んでいます。無限大を有限な量に繰込んでしまうという意味です。ただこれはπ中間子が、スピンをもたない粒子だという特殊事情の結果でした。

　スピンについては95ページで少しだけ説明しました。電子のスピンはプラスとマイナスの2つだけの値をとるという話でした。π中間子は0だけなので簡単だったのです。ただ、中間子には他にも、スピンをもつさまざまな仲間が存在することがわかり（128ページ）、強い相互作用の理論は実は計算不能という状況になっていました。この問題は、クォークの登場で解決するのですが、それは第11章の話になります。

　光子の理論（電磁相互作用）でも、光子がもつスピン的な性質のため話は簡単ではなかったのですが、この無限大の問題は解決しました。朝永振一郎とシュウィンガーが、第二次世界大戦中に日米でまったく独自に計算を行ない、光子の理論でも繰込み理論が使えることを証明しました。光子の理論が、言葉だけではない計算可能な理論として確立したのです。これによって彼ら

は（ファインマンとともに）1965年にノーベル賞を受賞しています。

　W粒子の話に戻りましょう。何を言いたいかはもう明らかでしょう。W粒子は光子と異なり質量をもち、またπ中間子とは異なりスピンももっているはずであることがわかっていたので、朝永たちの手法が使えず、計算で出てくる無限大の処理ができません。その結果、W粒子の理論は単に言葉だけのものとなり、正当な理論としては受け入れられませんでした。この問題は20世紀後半になり、幾つかのアイデアが積み重なって解決するのですが、それについては第13章で解説します。

通常の原子核でβ崩壊が起きない理由

　弱い相互作用の根源を追求するのは難しい、という話でしたが、β崩壊がどのようなプロセスかということは、ニュートリノの発見によって確立しました。この章は以下で、β崩壊が関係する、自然界で起きている諸現象について解説します。β崩壊とは放射性原子核でのみで起こる特殊な現象ではなく、太陽が燃えて輝いているのもβ崩壊のためである、という話になります。

　単独の中性子は時間が経過すると、134ページの式で表されるβ崩壊を起こし、陽子に変換します。放射性原子核と呼ばれる特殊な原子核内の中性子も、同じ現象を起こします。では、放射性原子核ではない普通の原子核内の中性子はβ崩壊しないのでしょうか。

　もし仮にするとしたら大変なことです。我々の体を作っている炭素は陽子が1個増えて窒素になります。原子が変われば化学結合の仕方も変わるので、その炭素を含んでいた分子は壊れてしまうでしょう。他の原子についても同じことですが、もちろんそんな現象は起きていません。

　その理由は、核子どうしの結合エネルギーにあります。簡単な例として、陽子と中性子が1個ずつ結合した重陽子（重水素）を考えてみましょう。

　次の数値を比べてみてください。前に示した質量の数値と同じ単位を使います。

　　　単独の陽子と中性子の質量の和……………… 1877.9

　　　重陽子（陽子と中性子の結合）の質量……… 1876.0

　　　陽子2個の質量の和………………………… 1876.6

　この表をもとにして、重陽子内の中性子は、β崩壊によって陽子になれないことを説明しましょう。まず、2番目の数値が1番目よりも約2ほど小さくなっていることに注目してください。陽子と中性子が結合すると、離れていたときと比べて、結合のエネルギーの分だけエネルギーが低くなります（73ページ）。エネルギーが低くなれば、質量エネルギーの公式 $E=mc^2$ より、質量が小さくなるのです。これが、2番目の数値が1番目よりも小さい理由です。

　このように、結合することで質量が減ることを**質量欠損**と呼びます。核力が強くて結合エネルギーが大きいからこそ起きる現象です。電気力でも結合エネルギーはありますから原子中の電子の場合も質量欠損があるはずですが、その量はあまりにも小さいので観測にはかかりません。

　重陽子の場合、中性子だけに着目すれば、質量欠損によって中性子の質量が実質的に2ほど小さくなったことになります。もともと中性子は陽子

よりも1.3ほど重かったのですが、実質的に2だけ軽くなれば、重陽子内の中性子は陽子よりも軽くなっています。そのため、この中性子はβ崩壊することはできません。

　ただし、β崩壊したとすればできる陽子が、重陽子内のもう1個の陽子と結合しないということも重要です。結合して質量欠損があれば、その陽子の質量も実質的に小さくなり、実質的に軽くなった中性子よりもさらに軽いかもしれません。しかし実際には陽子2個が結合することはないので（この場合は電気力による反発の効果がきいてしまう）、そのようなことにはならないのです。2個の陽子はばらばらになり、その質量の合計は（前ページの表からわかるように）重陽子の質量よりも大きくなります。つまりエネルギーが足りないので、重陽子がβ崩壊によって2個の陽子になるという変化は起きません。

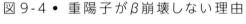

図 9-4 • 重陽子が β 崩壊しない理由

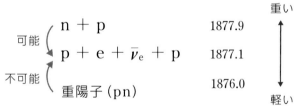

重い状態への転換は不可能

　以上が、重陽子内の中性子がβ崩壊しない理由です。陽子と中性子の結合が強いことが根本的な理由でした。自然界に存在する、放射性ではないほとんどの原子核でも、同じことが言えます。結合が強いので内部の中性子は実質的に軽くなっています。中性子が陽子に変わってしまうとバラン

スが崩れて、原子核全体としての結合が弱くなり、原子核は分解してしまうか、分解しなくても結合エネルギーが小さくなって質量欠損は減り、全体として重くなります。質量が増えるような変化はエネルギーが足りないので、起こりません。これが、通常の原子核内の中性子が、β崩壊しない理由です。だからこそ我々は安心して生きていけるのです。

　逆に、β崩壊によって中の中性子1個が陽子に変わったほうが結合が強くなる場合（あるいは結合が余り弱くならない場合）もあります。そのような原子核が放射性原子核となります。pnnという組合せの三重陽子（トリトン）がその例で、nが1つpになりppn（ヘリウム3）という原子核になってもそこそこ結合が強いので、質量は増えません。だから三重水素は放射性原子核になるのです。

太陽の輝き

　最後に、太陽の輝きもβ崩壊に関係しているという話をしましょう。太陽はほぼすべてが水素の固まりです。原子核で言えば、単独の陽子が充満していることになります。そのことを念頭に、まず次のプロセスを考えてください。

陽子 p → 中性子 n ＋ 反電子 $\bar{e}$ ＋ 電子ニュートリノ ν_e

　反電子とは前にも述べたように、普通は陽電子と呼ばれる粒子です。こ

—————— 図9-5 • 陽子のβ崩壊プロセス ——————

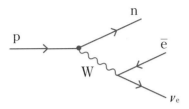

図9-2のバリエーションだが単独ではエネルギー的にありえない

のプロセスは中性子のβ崩壊を逆にしたような反応ですが、図9−5に示したように、弱い相互作用のプロセスとしては可能です。しかし（単独の）中性子は陽子よりも重いので、上のプロセスが自然界では起こりえません。エネルギーが足りないからです。

　しかしこの陽子のすぐ横にもう1個陽子があったとしましょう。上のプロセスで中性子ができると同時に、その中性子と陽子が結合して重陽子になれば（核融合）、前ページで説明したように実質的な中性子の質量は軽くなり、上のプロセスはエネルギー的にも可能になります。全体としては次のようなプロセスになります。

　　　陽子 ＋ 陽子 → 重陽子（pn）＋ 反電子 e̅ ＋電子ニュートリノ ν_e

具体的に質量を計算してみると、

　　　陽子 ＋ 陽子の質量……………1876.6
　　　重陽子 ＋ 反電子の質量………1876.5

わずかな差ですが、反応後のほうが質量は小さくなっています（ニュートリノは質量があったとしても無視できるほど小さいので）。したがって上

——————— 図9-6 • 陽子と陽子の核融合 ———————

$$n + \bar{e} + \nu_e + p \qquad 1878.4$$

不可能

$$p + p \qquad\qquad 1876.6$$

可能

$$重陽子(pn) + \bar{e} + \nu_e \qquad 1876.5$$

pは別のpと結合すればnへの転換が可能

の反応は可能であり、わずかに減った質量エネルギーの分だけ、熱が発生します（出てくる粒子が激しく運動するということです）。質量で見ると小さな量のように見えますが、熱に換算すると膨大なエネルギーになります。

　参考のために数値を示しておくと、図9-6からわかるように、1反応当たり0.1の差ですが、これは10億度の物質中の1原子がもつ熱エネルギーと同程度です。質量エネルギーは日常的な熱と比較すると、桁違いに大きいということです。また、図9-6の反応で出てくる反電子は、周囲に存在する電子に衝突して光子になります（対消滅）。この光子による熱も、さらに激しい太陽の輝きをもたらします（電子と反電子の質量の合計は約1）。ただ、このプロセスは弱い相互作用であり、まれにしか起きない反応です。つまり太陽全体の温度が10億度レベルになるというわけではありません。太陽表面の温度は数千度レベルです。その代わり、上の反応はゆっくり進むため、100億年程度続くと予想されています。ただし太陽誕生からすでに50億年ほど経過しているので、現時点から勘定すれば50億年程度ですが。100億年経過した後に何が起こるかは、補章2で解説します。

　上の反応は弱い相互作用なので、ニュートリノが生成します。つまり太陽が輝いているということは、太陽から光子ばかりでなく多量のニュート

リノが地球に注いでいることも意味します。それらのニュートリノは我々の体を普通に通り抜けてしまうので気にする必要はないのですが、太陽からのニュートリノを観察することによって重大な発見がもたらされたことは、第14章で解説します。

　以上が太陽の中で起きている反応ですが、この反応にはまだ続きがあります。できた重陽子はさらに陽子を吸収して、まずヘリウム3という原子核になります。

　　重陽子(pn) ＋ 陽子(p) → ヘリウム3(ppn)

ヘリウム3はさらに、2個衝突してヘリウム4になります。

ヘリウム3 ＋ ヘリウム3→ヘリウム4(ppnn)＋陽子＋陽子

──────── 図9-7● 太陽内での核融合反応 ────────

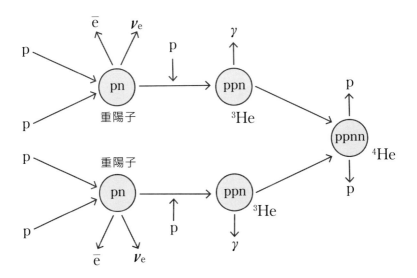

　ヘリウム4は自然界に存在する普通のヘリウムの原子核であり、放射線の一つである α 線の正体でもあります。ヘリウム4という4個の核子の組合せは結合が非常に強いので、原子核反応はヘリウム4にたどりついた段階で一段落します。つまり太陽内部では燃焼の結果としてヘリウム4が徐々にたまっていきます。

PARTICLE COLUMN

人間原理

　本章では、太陽はなぜ、どのようにして輝いているのかという、人類にとって極めて重要な話をしました。このメカニズムによって太陽がこれまで50億年近く輝いてきたおかげで、地球上では生命が誕生し、人類まで進化してこられました。このことが可能になったのは、145ページに示した2つの数値の間の、0.1というわずかな差のおかげであり、引力である核力と、反発力である電気力の微妙なバランスの結果です。

　ではこのバランスが実現した理由は何だったのでしょうか。偶然そうなったということもできます。人によっては神の思し召しだと言うかも知れません。しかしもう一つ、**人間原理**という考え方があります。「核力と電気力のバランスについてはさまざまな可能性があり、可能性に応じてさまざまな世界が存在している（並行宇宙）。しかしそのうちで人類が誕生できるような世界は非常に限られている。そして我々の世界は、この本を書いた私、そしてそれを読んでいる読者が存在する世界なのだから、その"限られた世界"のうちの一つでなければならない」という考え方です。人間の存在を前提にして、そこから我々の世界の物理法則を説明するので人間原理と呼ばれます。支持者も多いですが説明放棄と考える人もいるようです。

第10章

核子から
クォークへ

何が素粒子か？

　第3章で説明したように、原子とはもともとは、それ以上分割不能な、物質の最小単位として考えられたものでした。しかし20世紀になり、「中心の原子核とその周囲を動く電子」という新たな原子像ができあがりました。

　それからすぐに、原子核は一般に、核子（陽子と中性子）の集団であることが明らかになりました。ときに原子核内から電子が出てくることがありますが、それは中性子が陽子に変換する過程で生成するものだ（β崩壊）ということもわかりました。また、中間子という種類の粒子も見つかりましたが、それは核子から生成・消滅し、核子を結び付ける役割をしている粒子でした。

　この段階では、核子や中間子は「素粒子」であるとの認識が一般的だったようです。素粒子（elementary particle）とは基本粒子（fundamental particle）とも呼ばれ、これ以上分割できない、物質を構成する基本的な粒子という意味です。

　しかし次第に、そうではないということを示唆する情報が集まってきます。まず、それについて解説しましょう。つまり核子や中間子は素粒子ではなく、何か別の粒子が幾つか集まった、複合粒子ではないかということです。

核子や中間子が複合粒子であることを示唆する諸事実

事実1：核子やπ中間子には、性質が似た、ただし質量が大きい仲間が多数、存在する。127ページで説明したハドロンのことです。

解説：ハドロンには数十種あります。なぜこのことが、ハドロンが複合粒子であることを示唆するのでしょうか。

　前章で解説した、原子核の質量欠損のことを思い出してください。核子の結合の強弱によって、原子核全体の質量が変わります。原子核の場合は質量の変化は1パーセント未満ですが、ハドロンが複合粒子であり、その粒子間でもっと強い力が働いていれば、ハドロン自体には大きな質量差が生じるでしょう。実際、核子の仲間には核子の2倍レベルの質量をもつもの、あるいは中間子の仲間には核子よりも重いものもあります。これらは、ハドロンを作る基本構成粒子の結合の強さの違いが原因だと考えられます。結合の仕方はさまざまですから、仲間の種類が多数であることも納得できます。

事実2：（光の散乱実験から）核子には広がり／大きさがあることがわかった（一方、電子には広がりは見られない）。

解説：光子を対象物に当てたときそれがどのように散乱するかで、対象物の広がりが推定できます。対象物が広がっているほど前方に散乱し、後方への散乱は弱まります。そう考えると、電子には広がりがないと考えてよく、核子には明らかに広がりがあることになりました。

この広がりは何を意味するのでしょうか。

　原子の広がりとは、中心の原子核と周囲の電子の間隔です。そして核子自体に広がりがあるのは、核子は複合粒子であり、その構成粒子の間隔が核子の大きさになっていると考えれば理解できます。

　ちなみに原子核の大きさとは、それを構成する核子間の間隔ですが、核子は原子核内でほぼ密着しています。つまり核子の広がりの数倍が原子核の大きさだということになります。

　次にあげる二つの事実は、単に核子が複合粒子だというだけではなく、どのような構成になっているかを暗示する事項です。

事実3：電荷は陽子が $+1$、中性子が 0。他に $+2$ や -1 の粒子 (バリオン)も見つかったが、それ以外のものはない。

解説：粒子の電荷は、それらを構成している粒子の電荷の合計なので、結合しているものは少なくとも2種あることになります。しかし全体の電荷に制限があるということは、結合する粒子の数は限られているということです。

事実4：核子はフェルミオン的。中間子はボソン的。

解説：これはかなり理論的な話になります。粒子は大きく分けて、フェルミオンとボソンがあることは96ページで説明しました。パウリ原理が成り立つかどうかの違いです。この違いは非常に重要で、バーテクスではフェルミオンは偶数でなければならないなど、理論の構成に強い制限を与えています。

　事実4の説明でわざわざ「的」という言葉をつけたのには意味があります。

真にフェルミオンであるかボソンであるかは「素粒子」でなければ決められませんが、複合粒子の場合、フェルミオンを奇数含んでいればフェルミオンの「ような」性質をもち、偶数含んでいればボソンの「ような」性質をもちます。このことを「的」という言葉で表しました。

また、原子核の研究から、核子はフェルミオン的、中間子はボソン的な粒子であることがわかっています。だとすれば、ハドロンの構成粒子自体はフェルミオンであり、ハドロンのうち核子（バリオン）の構成粒子は奇数個、中間子（メゾン）の構成粒子は偶数個と想像されます。

ただし、構成粒子にはフェルミオンとボソンの2種があるという可能性も否定はできません。ボソンは幾つ含まれていても、複合粒子がフェルミオン的であるかボソン的であるかの性質は変えないので、フェルミオンの数に関する上記の結論は変わりません。

以上の事実をもとにして、核子や中間子はどのような基本粒子からできている複合粒子なのか、ということが多くの物理学者によって精力的に検討されました。最初の段階では、既知の粒子のいずれか（特に核子）を基本粒子と考え、他のハドロンを複合粒子とするという発想が多かったようですが（日本発の提案では坂田模型と呼ばれるものが有名です）、それでは前記の4つの事実をすべてうまく説明することはできません（いろいろ逃げ道はあるのですが）。

そのような中で行なわれた画期的な提案が、ゲルマンとツヴァイクによる**クォーク模型**というものでした（1963年）。一つの可能性の提案なので、これらの提案は一般に模型という呼び方をします。これは、ゲルマンがクォークと命名した、未知の（未発見の）粒子を基本粒子とする発想でした。以下で説明するようにかなりすっきりした模型ですが、未知の粒子を導入

するという意味では怪しげな話と受け取った人も多かったようです。

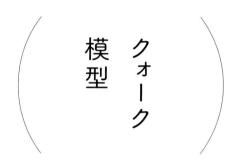

まず、どのような模型なのかを説明します。

1 2つの粒子 u と d を考えます（総称してクォーク q と呼ぶ）。u の電荷は $\frac{2}{3}$、d の電荷は $-\frac{1}{3}$（反クォーク $\bar{q}$ の電荷は $\bar{u}:-\frac{2}{3}$、$\bar{d}:\frac{1}{3}$）です。

u と d はそれぞれ、up と down の頭文字です。しばしば $\begin{pmatrix} u \\ d \end{pmatrix}$ というように上下に書くので、このような記号が選ばれました。もともとは2つの核子を $\begin{pmatrix} p \\ n \end{pmatrix}$ と上下に書いていたことからの流れです。p をひっくり返せば d、n をひっくり返せば u になると言われて感心した記憶もあります。それはともかく、u を**アップクォーク／uクォーク**、d を**ダウンクォーク／dクォーク**と呼ぶことは覚えておいてください。

2 核子（そしてすべてのバリオン）はクォーク3つの複合粒子です。u と d の合計3つの組合せですから4通りの可能性があり、それぞれの全電荷を計算すると

$$uuu: \frac{2}{3} + \frac{2}{3} + \frac{2}{3} = +2$$

$$uud: \frac{2}{3} + \frac{2}{3} + \left(-\frac{1}{3}\right) = +1$$

$$\text{udd} : \frac{2}{3} + \left(-\frac{1}{3}\right) + \left(-\frac{1}{3}\right) = 0$$

$$\text{ddd} : \left(-\frac{1}{3}\right) + \left(-\frac{1}{3}\right) + \left(-\frac{1}{3}\right) = -1$$

先の事実3に書いたことに相当します。核子についてはこのうち uud（陽子）と udd（中性子）だけですが、核子よりも少し重い Δ（デルタ）と呼ばれるバリオンがあり、これには上の4つの組合せすべてがあります。

4つの Δ ： Δ^{++}、Δ^{+}、Δ^{0}、Δ^{-}

事実4との関係にも注意してください。クォークがフェルミオンであるとすれば（実際、そうなのですが）、それが3つ集まったバリオンもフェルミオン的になります。

─────── 図 10-1 • 核子はクオーク 3 つの複合体 ───────

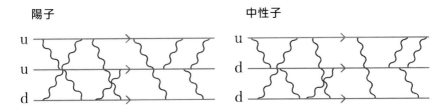

陽子　　　　　　　　　　　　　中性子

3つのクオークは「グルオン交換」（次ページ）で結びつく

3 中間子はクォークと反クォーク1つずつの複合粒子です。4通りの可能性があり、それぞれの全電荷を計算すると、

$$\text{u}\bar{\text{u}} : -\frac{2}{3} + \left(-\frac{2}{3}\right) = 0$$

$$\text{d}\bar{\text{d}} : \frac{1}{3} + \left(-\frac{1}{3}\right) = 0$$

$$u\bar{d} : \frac{2}{3} + \frac{1}{3} = 1$$

$$d\bar{u} : \left(-\frac{1}{3}\right) + \left(-\frac{2}{3}\right) = -1$$

3つの π 中間子 π^+、π^0、π^- が含まれています。π^0 は $u\bar{u}$ と $d\bar{d}$ の、ある組合せです。電荷0の中間子は（π よりも重いですが）他にもあり、それを含めれば上の4つに対応します。

事実4とも合っています。クォークがフェルミオンであれば反クォークもフェルミオンであり、したがってそれらが2つ集まった中間子はボソン的になります。

―― 図 10-2 • 中間子はクォーク・反クォーク対の複合体 ――

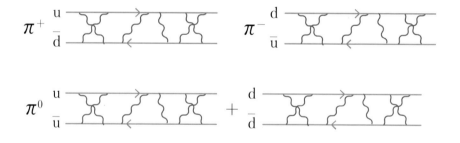

4 クォークや反クォークは粒子 g（**グルオン**と呼ぶ）の交換で結び付いています。**qqg バーテックス**というものがあり、それが強い相互作用の基本になるということです。グルオンとは glue＋on という造語で、glue とは糊、あるいは接着という意味です。クォークどうしを強く接着している粒子です。電気力には関係しないので、グルオンには電荷はないと考えます。

　核子の内部にはクォーク3つの他に、無数のグルオンも、生成・消滅を繰り返しながら存在することになります。ただしグルオンはボソンなので、核子がフェルミオン的であるという性質には影響しません。

─── 図10-3● クォーク・クォーク・グルオン・バーテクス ───

　ただし、ゲルマンたちはこの粒子gがどのような性質のものなのか何も言っていません（たとえば質量は何でしょうか）。ここでこのバーテクスをもち出したのは、形式的にはこう考えられると指摘しただけです。グルオンの詳しいことがわかったのは後のことで、次章のテーマになります。

　グルオンがどんな粒子であるかはともかく、クォークについてはこのバーテクスがあるので、クォーク、あるいはクォークを含む粒子は強い相互作用をします。電子やニュートリノにはグルオンが付いたバーテクスがないので、強い相互作用はしません。

5 湯川の中間子論で登場した核子核子中間子バーテクスは、qqgバーテクスの応用として説明されます。具体的には図10−4のようになります。πが分離していくところで、グルオンからクォーク・反クォークの対生成が起きているということが重要です。

—————— 図10-4 • クォーク・レベルで見るπ生成 ——————

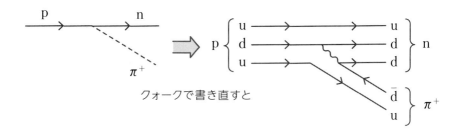

クォークで書き直すと

6 クォークは電磁相互作用もします。クォークには電荷があるので、qqγ バーテクスもあります。その結果、クォークにも電気力が働きます。クォーク間ではグルオン交換のほうが強いので（qqg バーテクスのほうが

—————— 図10-5 • クオークの電磁的相互作用 ——————

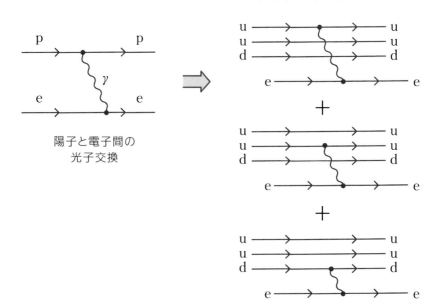

陽子と電子間の
光子交換

強力なので）、光子交換は現象としては見えにくいですが、クォークと電子との間では普通に光子交換がなされます。核子と電子の間の電気力は、核子内のクォークと電子の間の電気力の結果です。図 10−5 に示したように、電子が核子内の 3 つのクォークそれぞれと光子交換するプロセスがあるので、電子は 3 つのクォークの電荷全体を感じることになります。

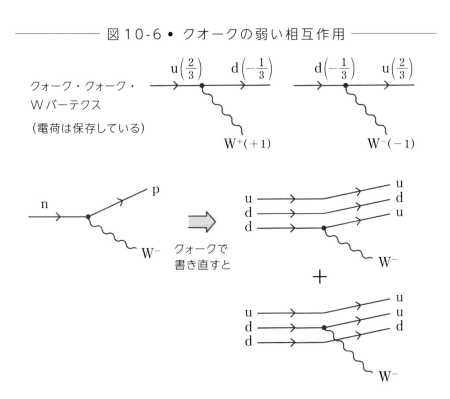

図 10-6 • クオークの弱い相互作用

7 クォークは弱い相互作用もします。qq′W バーテクスがあるということです。核子が弱い相互作用をする原因は、クォークが弱い相互作用をするからです。基本的なバーテクスは図 10−6 の通りです。各バーテクスで電荷の合計が変わっていない（保存している）ことを確認してください（図

ではカッコ内に、それぞれの粒子の電荷を書いています）。前章の、核子と
W 粒子のバーテクスもクォークから説明されます。

クォーク模型の難点

　クォーク模型はすぐに受け入れられたわけではありません。最大の難点
は、クォークという粒子が見つかっていないことでした。クォークの電荷は、
（陽子の電荷を $+1$ としたときに）、$\frac{2}{3}$ とか $\frac{1}{3}$ といった半端な数ですから、
もし単独で存在したらすぐにわかるでしょう。実際、クォーク模型が提唱
されてから、そのような分数電荷を探す積極的な動機ができたので探求が
なされましたが、分数電荷をもつ粒子を発見することはできませんでした。
　一つの可能性は、クォークは非常に重い、したがって単独では生成でき
ないということでした。非常に重いが非常に強く結合するので、結合した
複合粒子は質量欠損が非常に大きく軽くなる、という考え方です。しかし
クォークは（存在するにしても）かなり軽いらしい、という観測結果もあ
り（次章参照）、そもそもどんな力がクォーク間で働いているのかもわから
ないので、一つの可能性としてしか受け入れられなかったようです。
　いずれにしろ、なぜクォークが見つからないのかということと同時に、
クォーク間の力の源泉であるべきグルオンという粒子も発見されていない
理由を説明しなければなりません。グルオンも非常に重いとしたら、なぜ
クォーク間の力が強いのかが説明しづらくなります。

また、クォーク3つの複合粒子は存在するのに（核子、バリオン）、2つ、あるいは4つという粒子はなぜないのでしょうか。「クォーク＋反クォーク」という粒子は存在するのに（中間子）、「クォーク＋クォーク」という組合せに相当する粒子は見つかっていません。なぜでしょうか。

これらの難問を解決するには、クォーク模型をもう一歩、複雑化する必要がありました。それが、1980年前後に確立した量子色力学という理論です。次の章で、これがどんな理論なのかを説明しましょう。

PARTICLE COLUMN
「クォーク」は鳥の鳴き声？

これまで出てきた粒子の名前には、語尾に「オン」という接尾辞が付いていました。粒子を表す言葉です。それと比べると、クォークとは変な名前ですね。これは素粒子物理学者なら誰でも知っている有名な話ですが、命名者ゲルマンによれば、ジェイムス・ジョイスという人の小説『フィネガンズ・ウェイク』の中で、鳥が「quark,quark,quark」と3回鳴いたことからとった名前だそうです。核子内のクォーク数が3であるということの他には、素粒子物理学とは何のつながりもありません。ゲルマンがどんな人物かはYouTubeに、彼の講演の動画が上がっているので探してみてください。（見方によっては）少し変わった人です。

PARTICLE COLUMN

nuclear democracy（核民主主義）

nuclear democracyという言葉がありました。1960年代前後に素粒子物理学界にはやり、その後、急速に死語になった言葉です。ハドロンには無数の種類があり、それ自体は素粒子とは思えなくなった、そして構成粒子としてクォーク模型が登場したというのが本章の話でしたが、この頃、まったく別の発想も盛んに議論されていました。無数にあるハドロンをすべて、同等の素粒子として受け入れようという発想です。すべて対等なのでdemocracyだということになります。

たとえばA、B、Cという3つの粒子からできるバーテクスを考えましょう。それをAとBが結合してCになるというグラフだと見れば、CをAとBの複合粒子とみなせそうです（と主張します）。しかしBとCが結合してAになるとみれば、AがBとCの複合粒子ということになり、AとCがBになるという見方もできます。そのすべての見方が同等であり、どれが素粒子でどれが複合粒子かを区別する原理はないというのがこの考え方の基本です。無数にあるハドロンは無数のバーテクスでつながっていますが、すべてのバーテクスを同じように解釈し、無数のハドロンの集団が、その集団自体を作り出し、全体としてつじつまの合った世界になっているというのがこの主張です。

泥沼にはまった人が、自分で自分のブーツのひもを引っ張って抜け出そうとしているという行動になぞらえて、**ブーツストラップ（靴ひも）理論**と呼ばれることもあります。クォークといった仮想上の粒子をもち出すのに比べて科学的であるとして、ハドロン物理学の主流になっていた時期もありました。

しかし、次章で説明する1970年代の新たな理論上、実験上の展開により、この考えは急速にすたれます。物理現象の規則性の裏には、それを支える実体（この場合ではクォーク）の振る舞いがあるという観念が、私の頭に強く刻まれることになりました。

第11章

量子色力学

クォーク模型についてのもう一つの疑問

　核子や中間子に関する幾つかの疑問をクォーク模型が解決したのは前章で説明しましたが、かえって大きな、新たな疑問も引き起こしました。最大の問題は前章最後でも説明したように、なぜクォークは特定の組合せでしか出てこないのか、なぜ単独では出てこないのかということでした。

　この問題の解決の糸口になったのは、前章では説明しなかった、クォーク模型に対するもう一つの疑問でした。これを前章で説明しなかったのは、かなり専門的な観点からの疑問だったからです。数学的な話なので、ここでも詳しい説明は避けたいのですが、直感的にわかりやすい部分だけを取り出して解説してみましょう。

　直感的にわかりやすいのは、核子の場合ではなく、Δ^{++} という粒子（バリオンの一種）です。これはクォークで言えばuuuという組合せだと説明しました。より正確に言えば、uuuという組合せの中で最も軽いハドロンが Δ^{++} です。

　これを、リチウム原子の3個の電子の状態と比べてみます（97ページ）。リチウム原子の基底状態（最もエネルギーの低い状態）では、電子2個は節のない波、残りの1個は節が1つある波で表されるということを説明しました。節のない波のほうがエネルギーは低いのですが、節のない波はスピンの違いを考えても状態が2つしかありません。したがって、「複数の粒子が同じ状態になれない」というパウリ原理によって、3個目の電子は節1つ

の波にならなければなりません。

　Δ⁺⁺の場合にもu（アップクォーク）が3個あります。しかしこの粒子の性質を調べてみると、この3個のuは、すべて節のない、波としては同じ状態にあるということがわかりました。クォークは電子と同じスピンをもちますが、3個ともその値は同じであることもわかりました。これらのことは、明らかにパウリ原理に反しています。つまりクォークはフェルミオンではないということになります。しかし3個の、つまり奇数個のクォークからなるバリオン（核子など）はフェルミオン的であるという事実から、クォークはフェルミオンでなければなりません。明らかに矛盾する結論です。

　陽子（uud）や中性子（udd）についても同じタイプの矛盾が生じるのですが、こちらは直感的な説明が難しいので省略します。いずれにしろ、一見、うまくいくように見えたクォーク模型は、よく調べてみると成立しえない理論だったということになります。

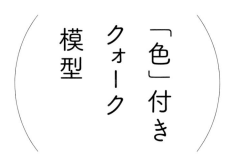

「色」付きクォーク模型

　クォークとはフェルミオンでもボソンでもない、新たなタイプの粒子なのではないかという議論がされていた時代もあったのですが、難しく考えずにフェルミオンだとし、その上でこの問題を解決する方法がみつかりました。

　これまで単に、アップクォークuと書いてきた粒子は、実は1種ではなく3種あるとすればいいのです。Δ⁺⁺を構成する3個のuは実は別種であると

すれば、波の形もスピンの値も同じで構いません。

　これだけでは子供だましのような話ですが、これには続きがあります。3種あるということは、クォークには未知の性質があり、その性質を表す量の値が、クォークによって違うということです。ただ、その値が、たとえば1、2、3といった単なる数値だったら、パウリ原理の問題は解決しますが、それ以上の話にはなりません。クォーク模型についての最初の疑問に対する解答のヒントにはなりません。

　ここで物理学者は、すでに存在していた数学の理論を適用し、新しいタイプの量を導入します。その量は「**色**」と呼ばれています。英語でもcolorです。もちろん、我々が知っている色とは何の関係もありません。また、色の違いは電磁波の波長の違いであると56ページで説明しましたが、それとも何の関係もありません。ただ、我々が知っている色の性質（三原色という性質）と似た面があるので、そう呼ばれるようになりました。専門用語らしく見せたいときは、**色荷**（color charge）と呼びます。電荷（chargeあるいはelectric charge）との類推で作られた用語です。

　この、「色」を導入した修正版クォーク模型、色付きクォーク模型を説明しましょう。最初は仮説として導入します。

仮説1：各クォークにはそれぞれ3種ある。その違いを、「色」（あるいは「色荷」）と呼ばれる量で区別する。

　具体的には光の三原色を使って赤、青、緑と書くのが習慣となっています。記号で表せば、これまで単にuあるいはdと書いてきたクォークは、色で3つを区別して

　　　$u \rightarrow u_r, u_b, u_g$

　　　$d \rightarrow d_r, d_b, d_g$

とすべきだということです。これまで uuu と書いてきた Δ^{++} は、正確には $u_r u_b u_g$ としなければならない、ということです。3個の u は色が違う粒子なので、パウリ原理と矛盾しません。

　Δ に限らず、核子などの他のバリオンも、色の違う3個のクォークの複合粒子だということで、パウリ原理に関係する問題はすべて解決します。

　ただ、これだけでは、それだけのこととして大きな進歩とはならなかったでしょう。次のもう一つの仮説が重要です。これが、なぜ「色」という言葉を使ったのかを説明します。

仮説2：単独で存在できるのは「無色状態」のみ。

　クォークの色はもちろん、現実の色とは何の関係もありません。数学的には群論という理論を使って表される量であり、我々が知っている単なる数ではありません。行列とベクトルという量を使うと説明はできるのですが、数式を並べるのは本書の主旨ではないので、その説明は省きます。一言だけ言っておけば、クォークは3つの成分（3つの波）をもつベクトルで表され、その各成分が3つの色に対応します。

　この量に「色」という言葉を使ったのは、我々が知っている色と似た性質があるからです。クォークによって色が違いますが、クォーク（あるいは反クォーク）を組み合わせると、色が違った状態になります。といっても、たとえば赤のクォークと緑のクォークを結び付けると、橙色の状態になるとは考えないでください。現実の色とは違う概念なので、そこまでは類推を広げることはできません。赤と緑を結び付けた状態は、色としては「赤緑」とでも言うべき複合色になると考えてください。

　つまり、現実の色との類推には限界はあるのですが、「無色」という考え方は、クォークの色についても通用します。現実の色の場合は、赤と青と

緑を合わせると無色になります。クォークの場合も同様なのですが、無色といってもここでは黒、白あるいは灰色といった区別はないので、単に無色といいます。

　ここまで説明すれば、仮説2が言いたいことはわかるでしょう。色の違う3個のクォークが結合して無色の状態になったものが、核子やΔなどのバリオンだということです。クォークは無色状態ではないので、単独では出現しないという仮説です。クォーク2個でも4個でも無色にはなりません。3個（あるいはその倍数）でなければならないのです。

　この仮説では、なぜ無色状態でなければならないかについては、何も言っていないことに注意してください。単にそう考えれば、「単独の核子は存在するのに単独のクォークは存在しない」ことが説明できると言っているだけです。

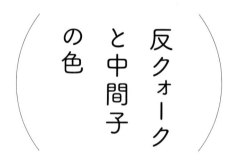

反クォークと中間子の色

　なぜ無色状態でなければいけないのかという話をする前に、反クォーク、そして中間子の色についても説明しておきましょう。

　反クォークの色については、反赤、反青、反緑という色を考えます。記号としては

$$\bar{u} \rightarrow \bar{u}_r, \bar{u}_b, \bar{u}_g$$
$$\bar{d} \rightarrow \bar{d}_r, \bar{d}_b, \bar{d}_g$$

と書きます。現実に反赤などといった色は存在しませんが、あくまで類推での話なので、イメージとしてとらえてください。反色ではなく補色とする人もいるようですが、そこまで現実の色のイメージを引きずらなくてもいいでしょう。

　中間子とはクォークと反クォークが結合した複合粒子でした。仮説2が正しいとすれば、これを無色状態にしなければなりません。たとえば π^+ は $u\bar{d}$ ですが、これを無色状態にするには

$$\pi^+ \ \rightarrow \ u_r\,\bar{d}_r \ + \ u_b\,\bar{d}_b \ + \ u_g\,\bar{d}_g$$

という組合せにします。色だけを見れば、赤・反赤、青・反青、緑・反緑という結合を3つ合わせたものです。純粋に数学的な理由からですが、一つ一つだけでは無色とは言えません。3つを同等に合わせなければなりません。ただし、粒子2個の3つの状態が合わさって、合計、6個の粒子が存在しているというのではありません。$u_r\bar{d}_r$ という状態、$u_b\bar{d}_b$ という状態、$u_g\bar{d}_g$ という状態が絶えず入れ替わっていると考えてください。なぜ、どのように入れ替わるのかは後で説明します。

　状態が入れ替わるということに関しては、核子でも同じ事情があります。たとえば陽子は色を考えなければ単に uud ですが、色まで考えると

$$陽子\,p：u_r\,u_b\,d_g \ + \ u_g\,u_r\,d_b \ + \ u_b\,u_g\,d_r$$

という組合せになります。それぞれの項で d の色が違うことに注意してください。

ゲージ理論

―― ヤン－ミルズ－内山理論

　ここで、クォーク模型とは関係のないところでなされた、物理学の発展の話をします。純粋に理論上の話であり、現実世界との関係は意識されずに展開された話なのですが、後に、色付きクォーク模型と結び付いて、画期的な理論になったという流れになります。

　現代の素粒子物理学の説明で、ゲージ理論という用語は一つのキーワードになっています。この言葉は、19世紀の電磁気の理論（58ページのマクスウェルの理論）にさかのぼります。電場と磁場の発生源は電荷と電流でした。また、電荷には、その総量は物質が変化しても不変であるという、電荷保存則という法則があります。電荷保存則は電場と磁場の振る舞いと関係しており、その事情を数学的に表したものが、「ゲージ変換に対する不変性」というものです。略して**ゲージ不変性**と呼びます。

　数学的な話なので深入りせずに、そんなものなのかという程度の理解で話を進めさせてください。この議論は20世紀になり、電磁波の実態は光子という粒子であるということになっても引き継がれます。光子の理論でも「ゲージ不変性」という事情は変わらず、その結果として、光子の質量は厳密に0だということが導かれました。光子に質量があるのかないのか、ということは常に問題になるテーマですが、理論の「ゲージ不変性」という性質が成り立つ限り、厳密に0でなければなりません（ただしある状況で

はそうではなくなるという話が第13章で登場しますが）。

　ゲージ不変性は、朝永たちが、光子が絡むプロセスの計算で出現する無限大をうまく処理するという繰込み理論（140ページ）を構築する上でも決定的な役割を果たしました。電子と陽子の電荷の大きさが厳密に等しいのも、この性質の結果です。ゲージ不変性がいかに重要な概念であるか、理解していただけたでしょう。

　ゲージ不変性は、電磁気の理論（光子の理論）で成り立つ性質でした。これは、質量が0の粒子（光子）が一つだけ登場する理論です。このような粒子を数学的な表現として**ゲージ粒子**と呼びますが、現実にこの世界に存在するゲージ粒子は光子だけだと考えられていました。

　そのような状況で、複数のゲージ粒子が、それも非常に複雑に絡まった形で登場する理論が構成可能であることを示したのが、ヤン（楊）とミルズ、そして内山龍雄でした（1954年）。ゲージ粒子が登場する理論を総称してゲージ理論と呼びますが、光子の理論は**可換ゲージ理論**、ヤン－ミルズ－内山の理論を**非可換ゲージ理論**と呼びます。式を書くときに順番を変えてはいけない量（非可換な量）が出てくるのでこう呼ばれます。複雑だという感じは伝わるでしょう（行列を知っている人は、行列は非可換であることを思い出してください）。

　余談ですが、1954年に内山は自分の研究を論文として発表しませんでした。日本のセミナーで話したときに批判されたことが原因だったそうです。光子以外にゲージ粒子らしきものは発見されておらず、また、光子の質量が0だからゲージ不変性が生じるのであって、ゲージ不変性を出発点として理論を導くのは話の筋が逆だと批判されたそうです。しかしこの年に渡米した内山はヤンとミルズの論文を見て驚き、話を一般相対論に適用した論文を書いています。そのため、非可換ゲージ理論の創設者としての名誉

を逃してしまいました。非可換ゲージ理論はヤン－ミルズ理論とも呼ばれますが、特に日本では忖度して、ヤン－ミルズ－内山理論と呼ぶ人も多いようです。

　いずれにしろ、あくまでも理論上の数学的議論であり、これが現実に何の役に立つのかはわからずに展開された話でした。しかし美しい数学的理論は、現実にも何らかの対応物があるというのは歴史上もしばしば起こることです。そして、クォークの色についての仮説は、非可換ゲージ理論によって実現されることがわかったのです。それを**量子色力学**といいます。英語ではquantum chromodynamicsですが、chromoとは色を意味する言葉です。

漸近的自由

　クォークが単独では出てこないことを説明するには、クォーク間の力が遠方でも弱まらないことを示す必要があります。光子の場合は質量がゼロなので遠方まで届く力になりますが、それでも電気力は遠方で弱まり、重力と同様に距離の2乗に反比例して減少します。距離が離れても弱まらないという、今まで経験のない状況を実現しなければなりません。

　そこに非可換ゲージ理論が登場するのですが、そのきっかけは、遠方ではなく、逆に、近づいたときに力がどうなるかという話でした。1970年代の話なのですが、クォークは実在の粒子なのかということが素粒子物理学の一つの中心的話題でした。

　エネルギーの大きな仮想光子を核子にぶつけ、その反応をみるという実験が精力的に行なわれました。エネルギーが大きいということは波長が短いということで、核子の内部の様子に大きく依存する結果が得られます。細かい説明は難しいのですが、核子内部のクォークはかなり自由に振る舞っていることがわかりました。グルオンの影響をあまり受けていないということです。クォークが核子から外に出てこられないとしたら、それはグルオンによって核子内に強く閉じ込められているからのはずですが、それなのに核子内部ではグルオンの影響をあまり受けていないというのは不思議な状況です。

　さらに、単にグルオンの影響を受けていないばかりでなく、核子の内部ではかなり軽い粒子のように、そして $\frac{2}{3}$ とか $-\frac{1}{3}$ といった半端な電荷をもって振る舞っているようにも見えました。

　さまざま理論で、このような状況が可能かが調べられたのですが、非可換ゲージ理論に限って（他の理論と逆に）、細かなスケールで見ると力が弱まることが示されました（1973年）。力自体というよりも、「クォークとグルオンの結合が弱くなる」というのが正確な表現ですが、小さなスケールでは自由に振る舞うようになるという意味で、（短距離での）**漸近的自由性**（ぜんきん）と呼びます。短距離では結合が弱くなるとすれば、逆に、長距離では結合が強くなると予想されます。そしてうまくいけば、長距離でも力が弱まらず、クォークが核子内に閉じ込められること（**クォークの閉じ込め**）が説明できる可能性が出てきます。

　一方の粒子が無色状態ならば、長距離力はなくなるということも重要です。図11−1のように、クォークが3個集まって無色状態になっていれば、力は打ち消し合います。これは、原子の場合に全体としては電荷は0なので、遠方から見ると電気力は働かない（少なくとも弱くなる）ということと類

似の現象です。

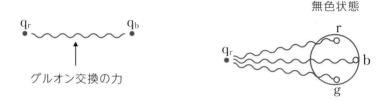

──────── 図 11-1 • 無色状態に対するグルオンの力 ────────

　このようにして、非可換ゲージ理論が、クォーク間の力を説明する可能性のある唯一の理論として登場しました。前章で導入したクォーク間で交換される粒子グルオンとは、この理論に登場するゲージ粒子に他ならないということです。

　ただしクォークが単独で出てこないこと（クォークの閉じ込め）はまだ厳密には証明されてはいません。しかしそうなりそうな間接的な、さまざまな理由付けがなされています。厳密に計算可能な、ただしクォーク模型とは少し異なる理論では閉じ込めが厳密に証明されているし、またコンピューターによる数値計算でも、閉じ込めを意味する結果が出ています（ただし数値計算では厳密な証明とは言えません）。これらの理由から、強い相互作用のクォークレベルでの正しい理論は非可換ゲージ理論であるということは、認められていることと言っていいでしょう。クォーク模型に適用したこの理論を**量子色力学**といいます。

量子色力学について

説明できる範囲でですが、量子色力学について、もう少し具体的なことを話しておきましょう。

(1) SU(3) 理論

非可換ゲージ理論（ヤン－ミルズ－内山理論）は一連の理論に対する一般的名称であり、量子色力学はそのうちで SU(3) 理論と呼ばれるものです。(3) とは、クォークの色が 3 種だということからきています。色は 3 成分のベクトルとして表されるという話は前にしましたが、その結果、この理論は 3 行 3 列の行列によって表現されます。この行列が SU(3) なのですが、細かいことは気にしないでください。ただ、後の章で SU(2) とか U(1) という記号も出てくるので、SU(3) といったらクォークの強い相互作用の理論だったと思い出してください。

クォークには色の区別のほかに、u か d かといった区別もありますが、これは量子色力学には関係ありません。u、d それぞれで量子色力学が成立していると考えてください。u、d の違いのことを、素粒子物理学者は（面白がって？）、**香り**（**フレーバー**、flavor）と呼んでいます。強い相互作用は色についての理論であり、香りについての理論が弱い相互作用です（次章参照）。

(2) グルオンは 8 種

光子の理論ではゲージ粒子は光子1種だけです。光子は電荷をもつ粒子とバーテクスを作りますが、光子自体は電荷をもっていません。

　これに対して量子色力学のゲージ粒子（グルオン）は8種あります。グルオンは色をもつ粒子（クォーク）とバーテクスを作りますが、グルオン自体にも色があり、グルオンだけから作られるバーテクスもあります。これがこの理論を複雑な、そして興味深いものにしている理由です。

　まず、クォークとグルオンのバーテクスを考えてみましょう。図11－2がその一例ですが、クォークの色がバーテクスのところで変わっています。グルオンが色を持ち去っている、あるいは持ち込んでいると考えなければなりませんが、グルオンの色を考えるために、バーテクスを、クォークと反クォークが対消滅するプロセスとして書き直してみましょう。プロセスの前後で全電荷が変わらないのと同様に、色も変わらないとすれば、図11－2で出てくるグルオンの色は、（赤・反青）という複合色だということになります。

──────── 図 11-2 • グルオンは色と反色の複合色 ────────

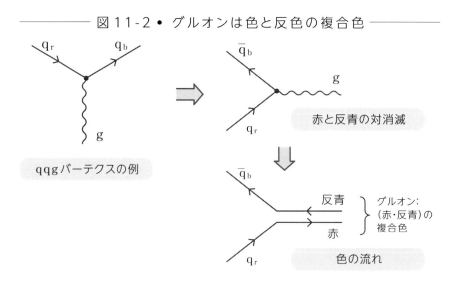

色には3種、そして反色にも3種あるので、色と反色の組合せとしては

$3 \times 3 = 9$で9種ありそうですが、前にあげたπ中間子での色の組合せ（169ページ）は無色なので、それを除いた8種の複合色に相当するグルオンが存在することになります。

　中間子の場合、グルオン交換によって色・反色の組合せが変わるのも、グルオンが複合色であることを考えればわかるでしょう（図11−3）。

─────── 図11-3 • 中間子内での色の流れ ───────

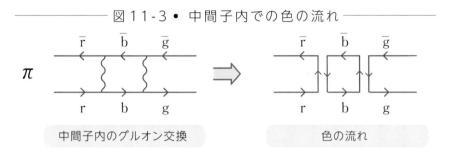

中間子内のグルオン交換　　　　　　　色の流れ

　グルオン自体にも色があるので、グルオンだけのバーテクスも描けます。具体的に色まで示せば、たとえば図11−4のようになるでしょう。

─────── 図11-4 • グルオン・バーテクスでの色の流れ ───────

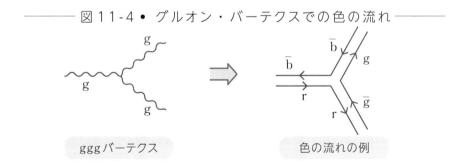

gggバーテクス　　　　　　　　色の流れの例

　グルオン自体に色があるということは、単独のグルオンは発見不能だということです。グルオンどうしが引き付け合って、互いから引き離せないのです。ただ、グルオンを2つあるいは3つ組み合わせれば無色状態にする

ことはできます。まだはっきりしたことは言えませんが、それらしい粒子が発見されています。

(3) グルオンが作るひも

　中間子はクォークと反クォークが結合した粒子です。この2つの粒子は分けられないというのがクォークの閉じ込めです。その理由として、クォークと反クォークがゴムひもでつながっているというイメージ図を描くことがあります。**ひもが切れない限り、離れても力は弱まらないので**、2粒子は分けられません。

───────── 図11-5 • クォークと反クォークの結合 ─────────

「ゴムひも」でつながっているqとq̄

　原子内で原子核と電子は電気力で引き付け合っていますが、外から刺激を与えれば（電磁波を照射すれば）電子を引き剥がすことができます。つまり原子核と電子はひもでつながってはいないということです。

　グルオンの力と電気力（光子の力）の違いは次のように説明されます。電気力の場合、原子核から出て行く電場（あるいは光子）は、四方八方に広がるので、その効果は遠方で薄まります。しかしグルオンの場合、多数、放出されると、それらが互いに引き付け合って絡み合い、ひものようにして伸びていくということが考えられます。光子どうしは引き付け合わないが、グルオンどうしは（グルオンだけのバーテクスによって）影響を与え合い引き付け合うことができるからです。そして実際、このような現象が起きていると考えられています。

―――――― 図 11-6 • グルオンでできるひも ――――――

「ひも」は無数のグルオンの絡み合い

　では、グルオンでできたひもは切れないのでしょうか。グルオンの流れがある地点で突然、理由もなく消滅するということはありえないので、その意味では切れることはありません。しかしグルオンはクォークあるいは反クォークがあればそこに吸い込まれます。つまり、ひもの途中でクォーク・反クォーク対が生成すれば、そこまで伸びてきたひもをそこで吸収させることによって、ひもを遮断することができます。

　そのプロセスを描いたのが図11－7です。単にひもを切るのではなく、切断点に新たなクォークと反クォークを付けることによって、ひもがそこで止まり、そして新たに始まるようにしているのです。

―――――― 図 11-7 • 中間子が 2 つに分裂 ――――――

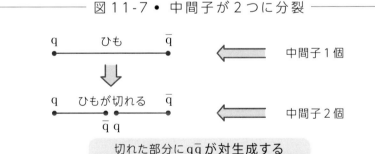

切れた部分にqq̄が対生成する

　このプロセスは、実際、自然界に普通に起きている現象です。ρ（ロー）中間子という少し重い中間子がありますが、これは2つのπ中間子に分か

れます（崩壊）。このプロセスはクォークで描けば図11−8の下のようになります。途中で対生成が起こりひもが切れて、2つの中間子となって分かれていく様子が理解できると思います。

　核子が核子と中間子に変換するプロセス（図10−4）も、その変形です。クォーク・反クォーク対ができた場所でひもが途切れ、最初の核子内にあった1つのクォークが離れていくのです。

──────── 図 11-8 • 中間子崩壊の時間的流れ ────────

中間子Mが2つに崩壊する　　$M \longrightarrow M_1 + M_2$

たとえば　　$\rho \longrightarrow \pi + \pi$

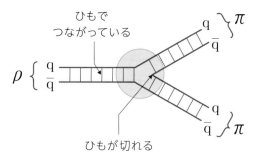

　ひもが切れるというプロセスは棒磁石に似ています。棒磁石は両端にN極とS極がありますが、それぞれの極を単独で取り出すことはできません。磁石を壊さずにうまく切り離せたとすれば、切断面にもN極とS極が生成します。これは図11−8で、切断部にクォークと反クォークが生成しているのと似ています。

ただしこの類推は完全ではありません。磁石にはN極とかS極といった独自の部分があるわけではなく、いくらミクロなレベルで見てもセットとして存在しています。一方、クォークの場合には、クォーク、反クォークという粒子は独自に存在しています。ただし単独では取り出せないのです。

色の存在（3種あること）の実験的「証拠」

かなり理屈っぽい議論をして、クォークには色の違いで3種あるということを説明してきました。しかし実際に観察されるのは無色状態であると言われると、色などという性質は本当に存在するのか、眉唾だと感じる人もいるかもしれません。「色」があること、つまりuクォークと言っても本当は3種類あることを示す直接的な証拠はないでしょうか。

それを示したのが電子・陽電子消滅実験です。このタイプの実験はこれからも何度も登場するので、簡単に説明しておきましょう。

本章、そして次章でも話題になるのは、線型加速器（linear accelerator）、略してLINAC（ライナック）と呼ばれるタイプの加速器です。線型加速器とは、電荷をもつ粒子をパイプ内で一直線に加速する装置です。医療にも使われていますが、ここでは電子と陽電子（反電子）を一直線に加速して正面衝突させる実験で使われ、この時代（1970年代から1980年代）に活躍したのはたとえば、カリフォルニアのスタンフォード国立加速器研究所にある、全長2マイル（約3.2km）ほどの巨大な装置でした。

　陽子を加速するときは円形の加速器内を回転させながら加速するのですが、軽い電子ではそれはうまくいきません。速度が上がりすぎて、軌道を曲げると電磁波の放出によってかえって勢いを失ってしまうからです（38ページで原子内の電子の動きを考えるときに、同じような話をしました）。そこで、一直線にいっきに加速する線型加速器が使われたのです。

　電子と陽電子は粒子と反粒子という関係にありますから、衝突すると消滅し仮想光子になることがあります。そしてその仮想光子はまた、別の粒子・反粒子対に変換します（113ページ）。

　新たに生成される粒子反粒子対は元の電子・陽電子対でもいいですが、他の、粒子と反粒子の対でも構いません。最初に衝突した電子と陽電子のエネルギーよりも質量が小さな粒子対ならば可能です。スタンフォードの線型加速器は衝突させる電子と陽電子のエネルギーを上げることにより、これまで知られていなかった新粒子の対を生成させて成功を収めたのですが（次章）、それより地味な成果として、$u\bar{u}$対、あるいは$d\bar{d}$対の生成の頻度も調べました。そのことを説明しましょう。

　クォークは単独では出てきません。生成するuやdが直接観測されるわけではありません。仮想光子から生成されたクォーク・反クォークは離れていきますが、グルオンによる力のため、そのままでは互いの影響から逃れることはできません。しかし前に説明したように、クォークと反クォークが離れていくにつれ、その中間に新たに$q\bar{q}$対を生成し、そのqあるいは$\bar{q}$とペアを組むことによって、元々の相手の影響から逃れることができます。前のひものイメージで考えるとすれば、ひもがぶつぶつと切れていくと考えればいいでしょう。プロセス全体としては次の図のようになります。

── 図11-9 ● 電子・陽電子消滅からハドロンが生成するプロセス ──

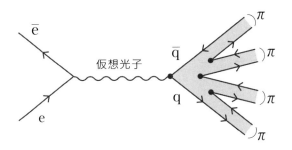

「●」の地点で $q\bar{q}$ の対生成が起きている

　このように、最終状態に中間子や核子が観測された場合には、それは最初のクォーク・反クォーク対から出発したものだということで、間接的にクォーク・反クォーク対が仮想光子から生成される頻度がわかります。

　その頻度は、クォークの種類が増えるほど多くなるはずです。クォーク1つずつにこのようなプロセスがあるからです。これまでクォークにはuとdがあると言ってきましたが、実はもう一つ、比較的軽いsクォークというものがあり（次章で解説）、その寄与も加えなければなりません。それ以外の、後に発見されるクォークは重いので、最初のビームのエネルギーが低いときは無視できます。

　しかし、もしそれぞれのクォークに色の違いがあったとすれば、その分、クォークの種類は3倍になります。したがって、最終的に中間子などのハドロンが発見されるプロセスの頻度も3倍になるはずです。そして実際、観察された頻度は、クォークに色の違いがあるとしたときの計算どおりでした。3倍の違いがあるのですから間違いようがありません。このようにして、各クォークそれぞれに、色の違う3種のものがあることが、実験で証明されたことになります。

この段階でのまとめ

　たくさんの素粒子、そして複数のバーテクスが登場しました。これで終わりではないのですが、主役は揃ったと言っていいでしょう。そこでここまでの段階で出てきた素粒子と力（相互作用）をまとめておきましょう。きちんと理解していたか、頭を整理しておいてください。

素粒子の分類

フェルミオン

クォーク q（u と d、それぞれ 3 色）、電子 e、電子ニュートリノ ν_e

交換される粒子（ボソン）

グルオン（8 種）、光子、W 粒子（2 種）

相互作用（バーテクス）の分類

強い相互作用

色をもっている粒子にグルオン g が結合するバーテクスで表現される。
qqg バーテクス。他はない。

電磁相互作用

電荷をもっている粒子に光子 γ が結合するバーテクスで表現される。
$qq\gamma$ と $ee\gamma$ がある。$\nu\nu\gamma$ はない。

弱い相互作用

W 粒子が結合するバーテクスで表現される。
udW バーテクスと $e\nu$W バーテクスがある。色は変わらないが「香り」が変わる。

第12章

新粒子の発見

話には
続きが
ある！

　自然界はごく少数の基本的な粒子から構成されていると考えたくなるのが人間の「先入観」でもあります。しかし核子（陽子と中性子）と中間子には、似た性質をもつ、より重い、数十種（数え方によっては百数十種）の仲間があることがわかりました。総称してハドロンです。揶揄も込めて「粒子の動物園」といった表現も使われました。

　しかしこれらの粒子は、2種のクォークuとdの複合粒子であるというクォーク模型の提唱によって、事情はまた好転します。結局は、uとdそれぞれに色の違いがあって数は3倍になりますが、ハドロンが百数十種もあったことを考えれば、状況ははるかにすっきりしています。電子とニュートリノについては依然として、自然界の基本的な粒子、素粒子であるという見方が続いています。

　しかし残念ながら、これで終わりではありませんでした。20世紀の宇宙線、そして加速器による実験によって、素粒子とみなすべき新粒子が次々と見つかっていきます。それが本章のテーマです。

　ただ、次々と見つかったといっても、全体としてはかなり秩序だっています。それがどんな秩序かは、これまですでに紹介した素粒子を整理すると見えてきます。そこでまず、これまでわかった素粒子の復習から始めることにしましょう。

　粒子は大きく分けてフェルミオンとボソンがあるという話をしてきまし

た（96、184ページ）。パウリ原理を満たすかどうかという違いです。力を媒介する粒子である、グルオン、光子、W粒子は、すべてボソンです。その他はフェルミオンですが、フェルミオンはクォークとレプトンに分類されます。**レプトン**とはここで初めてもち出した言葉ですが、強い相互作用をしない、つまりグルオンとのバーテクスのないフェルミオンの総称であり、これまで出てきた粒子では電子とニュートリノがそれに含まれます。

　この章でこれから紹介する、20世紀中頃から次々と発見されていく新粒子も、この分類のどれかに属します。後で混乱しないように、まず予告をしておきましょう。

●**クォークはさらに、4種見つかります。**それは発見の順番に（軽い順番に）、s（ストレンジ）、c（チャーム）、b（ボトム）、t（トップ）と呼ばれます。ただし、これらのクォーク自体が見つかったのではなく、それを含む複合粒子（ハドロン）が見つかったということです。クォークには赤、青、緑の3色（カラー）がありますが、「香り（フレーバー）」にも、u、d、s、c、b、tの6種があるということです。合計、$3 \times 6 = 18$種ということになります。

●**レプトンはさらに、4種見つかります。**μ（ミュー）およびτ（タウ）と呼ばれる粒子、そしてそのそれぞれに付随するニュートリノν_μとν_τです。レプトンには色はありませんが、香りはやはり6種あるのです（μ粒子についてはπ中間子が崩壊して出てくる粒子ということですでに紹介しましたが、その性質はまだ説明していなかったので、ここで新粒子として改めて解説します）。

　184ページの表にあげたクォークとレプトン、つまり（u、d、e、ν_e）を、**第一世代**と呼びます。そして（c、s、μ、ν_μ）が**第二世代**、（t、b、τ、ν_τ）が**第三世代**です。たくさんの粒子（フェルミオン）が出てきますが、同じタイプのセットが3回、繰り返して出てくると考えれば、無秩序な話では

ないことも理解できるでしょう。

●力を媒介する粒子では、まず、机上の粒子に過ぎなかった **W 粒子**が実際
に見つかり、さらにその仲間の **Z 粒子**というものも見つかります。

●最後に、従来のグループのどれにも属さない、**ヒッグス粒子**という粒子
が見つかります（ボソンです）。これは、自然界の（ほぼ）すべての粒子の
質量の起源となる粒子であり、これが見つかったことで、20 世紀に素粒子
物理学者が目指してきた一つのゴールに到達したことになります（最終ゴー
ルではありません）。

　これから新粒子の個別の解説に入りますが、W、Z、ヒッグスについては、
説明は次章になります。

── 第 3 、第 4 のレプトン

　話の流れで μ 粒子、ミュー粒子、ミューオンあるいは単に μ と呼ばれま
すが違いはありません。電荷は -1 （電子と同じ）で、反粒子 $\bar{\mu}$ はもちろん
$+1$ です。質量は105です（電子の質量が0.5だとして）。π 中間子よりもや
や軽い程度です。

　バーテクスのタイプは電子と同じであり（図12−1）、電子との違いは基
本的に質量だけということになります。このため「重い電子」とも呼ばれ、
そもそも何でこんな粒子があるのか謎だと思われていたようです。現在で

は**第二世代の電子型粒子**ということで、素粒子のリスト全体の中でのその立場は確立しています。

────── 図12-1 • μ が絡むバーテクス ──────

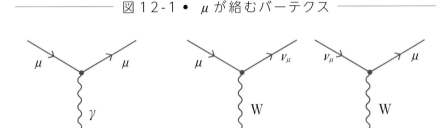

電磁相互作用　　　　　　　　　　弱い相互作用

ν_e と ν_μ という2つのニュートリノは、同じ粒子なのか違う粒子なのか、論争がありました。もし同じだったらこの粒子は電子にも μ にも変換することになるので、起こす反応も異なります。結局、別の粒子だということで決着しましたが、最近になって（ν_τ も加えて）、3種のニュートリノが飛んでいる間に互いに入れ替わるという、**ニュートリノ振動**という現象の存在が明らかになり、大きな問題になっています。2015年の梶田のノーベル賞受賞はこの現象の発見によるものです。ニュートリノ振動については第14章で解説します。

　すでに125ページで説明したように、μ の発見は、宇宙線起源だと思われる霧箱内の軌跡からでした（1936年）。これは、宇宙から飛んできた陽子と空気中の原子核の衝突の結果として生成した π 中間子が、崩壊して生じたものでした。

$$\pi^- \to \mu + \bar{\nu}_\mu \quad \text{あるいは} \quad \pi^+ \to \bar{\mu} + \nu_\mu$$

というプロセスです。π 中間子は d と $\bar{u}$ の（あるいは u と $\bar{d}$ の）複合粒子

であることを考えると、このプロセスのダイアグラムが描けます。

──────────── 図12-2・μ の生成 ────────────

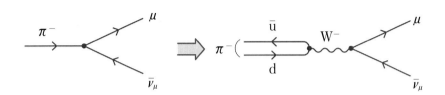

　上図のようにダイアグラムが描けますが、実際にこのプロセスが実現可能なのは、π の質量が140であり、μ の質量105よりもわずかですが大きいからです。ニュートリノには質量は（ほとんど）ありません。

　μ はさらに、次のように電子eと2つのニュートリノに崩壊します。

　　　$\mu \rightarrow e + \bar{\nu}_e + \nu_\mu$

これは μ の β 崩壊とでも呼ぶべきプロセスであり、ダイアグラムは次の図の通りです。

──────────── 図12-3・μ の β 崩壊 ────────────

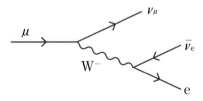

電子の質量は0.5なので、このプロセスは問題なく実現します。つまり

μは自然界には永続的には残らないのですが、上空で生成したμの多くは、地表までは崩壊せずに飛んできます。つまり我々の体はときにμを浴びているのですが、気になったことがある人はいないでしょう。たいした量ではありません。体を通り抜けてしまう場合も多いでしょう。

　最近、ミュオグラフィという技術が注目を浴びています。これはミューオンのビームを使ってレントゲン写真のようなものを撮る技術です。レントゲン写真は光子のビーム（X線）を使いますが、ミューオン・ビームはX線よりも透過力が強いので、原発、ピラミッド、あるいは火山の内部の様子を探るのに使われています。

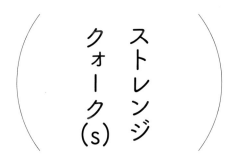

$$\left(\text{ストレンジ クォーク (s)} \right)$$

―― 第3のクォーク

　K中間子（KメゾンあるいはKイオンIon）と呼ばれる不思議な粒子が、1947年に霧箱を使った宇宙線実験で発見されました。電荷は±1のもの（$K^{\pm}$）と0のもの2種（K^0と$\overline{K^0}$）があります。質量はどれも約500で、たとえば次のように崩壊します。

$$K^- \rightarrow \pi^- + \pi^0$$
$$K^- \rightarrow \mu + \bar{\nu}_\mu \qquad (12.1)$$

この粒子が不思議だというのは（生成プロセスからは中間子の一種であ

ると想像されるのですが）、他の重い中間子に比べてその寿命が桁違いに長いということでした。といっても、普通の中間子の寿命が10^{-22}秒程度、Kの寿命が10^{-8}秒程度という超短時間の話ですが。

　寿命とは、平均、どれだけの時間で崩壊するかということで、半減期という言い方もします。この粒子が崩壊するまでにどれだけ動いたか、あるいは、崩壊した粒子から推定される質量がどれだけばらついているかによって決定されます（仮想状態の粒子が生き延びる時間と、式(7.6)からの質量のずれが関係するという話を112ページでしました）。

　細かいことはともかく、10^{-8}秒程度というレベルの半減期は、崩壊のプロセスがグルオンの強い相互作用ではなく、W粒子の弱い相互作用によって起きていることを示しています。K中間子は「**奇妙さ（ストレンジネス）**」という香りをもっており、その香りを普通の粒子の香りにするのに弱い相互作用を必要とする、という考え方が提出されました。**中野 － 西島 － ゲルマンの法則**と呼びます（1953年）。その当時はまだ、「香り」という言葉は使われていませんでしたが。

　このようなことから、ゲルマンとツヴァイクは1963年にクォーク模型を提案したとき、uとd以外にもう1つのクォークを導入し、K中間子はそれを含む複合粒子だとしました。奇妙さという考え方を受け継いで、そのクォークは**ストレンジクォーク**と呼ばれ、sと記されることになります。

　sは電荷$-\dfrac{1}{3}$、その反クォーク$\bar{\mathrm{s}}$は$+\dfrac{1}{3}$です。dクォークと同じです。そしてK^{+}は$\mathrm{u}\bar{\mathrm{s}}$、$\mathrm{K}^{-}$は$\mathrm{s}\bar{\mathrm{u}}$という組合せになります。

　sを含む、弱い相互作用のバーテクスはdのケースとの類推で考えられます。

───── 図 12-4 • s が絡む弱い相互作用のバーテクス ─────

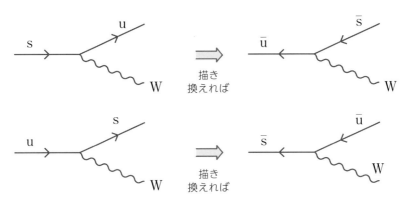

そしてこのバーテクスがあれば、式(12.1)の2つのプロセスに対応するダイアグラムを描くこともできるでしょう。

───── 図 12-5 • K 崩壊のメカニズム ─────

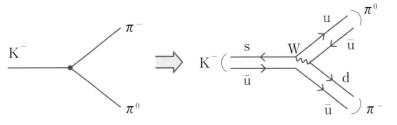

（頻繁に起きているグルオン交換は省略しています）

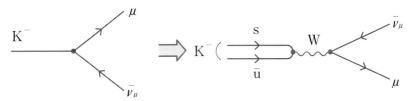

s と u を組み合わせれば、K^+ あるいは K^- という中間子ができ（$u\bar{s}$ と $s\bar{u}$）、s と d を組み合わせれば、$\bar{d}s$ あるいは $s\bar{d}$ という中間子になります。後者は

電荷のない（中性の）K中間子で、それぞれK^0、$\bar{K}^0$と記されます。この2つの中間子は不思議な性質をもっています。図12−6を見てください。図12−4のバーテクスを4つ組み合わせて作ったものですが、最初はK^0だったのが$\bar{K}^0$に入れ替わっています。もちろん逆のプロセスも起きます。これを**K^0振動**と呼びます。この現象の観察によって非常に重要なことが発見されたのですが、それについては第14章で（簡単ですが）解説します。

──────────── 図 12-6 • K^0振動とは？ ────────────

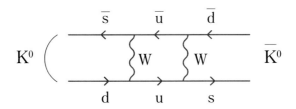

Wを2回交換することでK^0(d$\bar{s}$)が$\bar{K}^0$(s$\bar{d}$)になる

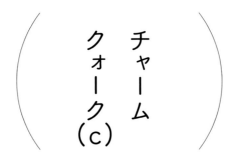

── **第4のクォーク**

1974年は、素粒子物理学界にとって重要な意味をもつ年です。スタンフォードの線型加速器で不思議な性質をもった粒子が見つかったということで、学界全体に高揚感がありました。私はまだ大学院生のときで、素粒

子物理学の研究を始めてから2、3年といった頃ですが、研究室の先生方が、久しぶりの大ニュースだと話していたのを覚えています。1970年になり、電弱統一理論の計算法の確立（次章）、漸近的自由性（前章）、あるいは小林、益川の6クォーク理論（229ページ）など、重要な理論上の業績が積み重なっていたのですが、スタンフォードでの発見は、聞けば誰でも刺激される、わかりやすい大事件でした。

　スタンフォードの線型加速器については、クォークの色の存在を証明したという話のときにすでに解説しましたが、電子と陽電子の、同エネルギーでの正面衝突実験です。そして合計のエネルギーが3100のときに（陽子の質量エネルギーが938となるMeV単位での表現です）、かなり非常識な性質をもつ粒子が生成されていることがわかったのです。その粒子はJ/ψ（ジェイプサイと読む）と命名されました。スタンフォードの科学者たちはψ（プサイ）としたかったようですが、ほぼ同時に、陽子を使った別の実験からも同じ粒子が検出され、両グループの意見が合わず、このような命名になりました。ここでは単にψと呼ぶことにします。2つの異なる実験から同時に同じ大発見がなされたというのは不思議かもしれませんが、このエネルギーのところに何かありそうだという情報を互いに流し合い、そこに集中して観測をした結果だったようです。

　ψは主として複数のπに崩壊します。この加速器で最終的に出てくるπを観測していると、電子・陽電子の全エネルギーが3100のときに突然、生成頻度が大きくなるのです。そうなるのは、そのエネルギーの質量をもつ粒子（つまりψ）が生成されているからであり、図に描くと図12−7のようになります。

─────── 図12-7 • ψ 生成と崩壊のプロセス ───────

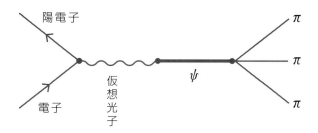

　ψのもつエネルギーがどの程度ばらつくかによって（つまりこの現象を引き起こすために必要な電子・陽電子の全エネルギーがどの程度の幅におさまっているかによって）、ψの平均寿命が求まります。その結果は、10^{-19}秒程度でした。これは、このレベルの重さをもつハドロンとしては、異常な長さです。パイオンに崩壊するのでハドロンと呼びましたが、普通のハドロンでないことは明らかでした。別種のクォークsでできたK中間子が寿命が長かったのと同様に、新しいクォークでできた粒子ではないかと予想されました。そのクォークはチャームクォーク（記号はc）と命名され、ψは$c\bar{c}$という複合粒子であるという解釈がなされました。

　その当時を振り返ってみると、ψとは新クォークではなく、従来のクォークからなる色付きの粒子ではないかという発想もあり、論争に花を添えた感がありましたが、決定的だったのはD中間子と呼ばれる粒子の発見でした（1976年）。

　sクォークの場合、$s\bar{u}$といった組合せのK中間子が先に発見されましたが、$s\bar{s}$という中間子も発見されており、φ（ファイ）と呼ばれます。cクォークの場合は$c\bar{c}$というψが先に発見されたのですが、cクォークが存在する

のならば、cūなどといった中間子も当然、存在するでしょう。そして実際、同じ加速器でさらにエネルギーを上げることで、それに相当する粒子が発見され、D中間子と名付けられました。Kと同様にD$^+$(cd̄)、D$^-$(dc̄)、D^0(uc̄)、D̄^{0}(cū)といった種類があります。図12−8から明らかなように、cは対で生成しますから、Dも当然、対として生成します。

———————— 図12-8 • D中間子対の生成 ————————

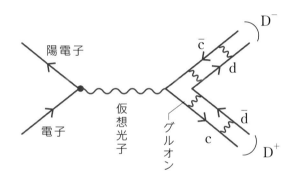

D中間子はたとえば次のような崩壊をします。

$$D^+ \rightarrow \bar{K}^0 + \pi^+$$
$$D^+ \rightarrow \bar{K}^0 + \bar{e} + \nu_e$$

これは、cクォークとW粒子との、弱い相互作用のバーテクスを考えればわかります。cは主としてc→sという変化をし（同じ世代内での変化）、sクォークを含むK中間子が出てくるプロセスが多く見られます。第一世代のdクォークに変化することもありえますが、頻度は多くありません（cdWバーテクスの結合は弱いということ）。

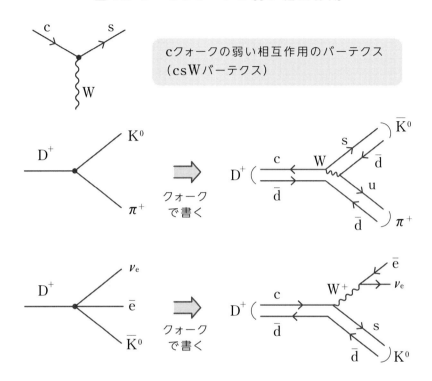

図 12-9 ● c クォークの弱い相互作用

c クォークの弱い相互作用のバーテクス
（csWバーテクス）

クォーク
で書く

クォーク
で書く

　D中間子の質量は、最も軽いもので1865なので、D中間子対生成のためには3730以上のエネルギーが必要なことに注意してください。つまりcとc̄が結合しているψは結合エネルギー分だけ軽くなっており、D中間子対には崩壊できないということです。

　すでに説明したようにψは、それが崩壊した複数のπとして観測されます。その崩壊は、図のように、複数のグルオンを通して進みます。そのため、ψは崩壊しにくいのです。なぜグルオンが3つ（以上）でなければならないのかは説明が面倒ですが、少なくとも1つではだめなのはわかるでしょう。グルオン1つでは無色にはなれません。

—— 図 12-10 • ψ の崩壊 ——

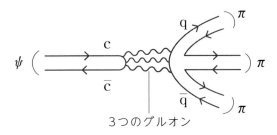

3つのグルオン

　ψ とD、つまりcクォークの発見はその時代の素粒子物理学の教科書を書き換えることになる衝撃的な出来事でしたが、4番目のクォークの存在を予測していた人はいました。日本人も含め、レプトンが4つあるのだからクォークも4つあるはずという主張があり、また、ある現象が「起こらない」理由付けとして、4つめのクォークの存在を予測した人もいました。既知のクォークの効果と、未発見の4つ目のクォークの効果が打ち消し合っているという主張です。また、1974年の発見の3年前、日本の丹生潔が宇宙線での観測で、D中間子の崩壊だと思われる現象を数例、発見していました。

　このようにcクォークの発見は、まったく予測されていなかったわけではないのですが、一つの可能性、一つの推論として受け取られていたに過ぎなかったとは言えるでしょう。そのような意味で、cクォークの発見はその後の素粒子物理学の流れをある方向に決定付けた、重要な出来事だったと思います。

　それに比べると、これから説明するbクォークとtクォークの発見は、その流れの中での予想通りの出来事だったと言えそうです。もちろん、さらに先に進むための、重要かつ不可欠な進展だったことは間違いありませんが。

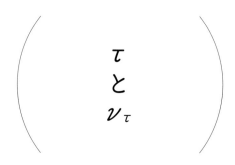

$$\begin{pmatrix} \tau \\ と \\ \nu_\tau \end{pmatrix}$$

—— 第5、第6のレプトン

　1970年代はスタンフォードの線型加速器が大活躍した時代でした。ψ発見とほぼ同時期に、電子、μにつぐ3番目の、電荷をもつレプトンが発見されました。τ（タウ）と記され、質量は1777でした。τと$\bar\tau$（反τ）の対で生成されます。cと$\bar c$の生成（つまりDと$\bar D$の生成）とほぼ、同エネルギーでしたので発見も同時期になりました。τはアルファベットのt、つまりthird（第三）の頭文字です。

　発見されたプロセスは図12−11の通りです。電子・陽電子が仮想光子になり、それたτ・反τの対を生成します。それぞれのτの崩壊は、μの崩壊と同じタイプのプロセスで進みます。

—————————— 図12-11 • $\tau\bar\tau$対の生成 ——————————

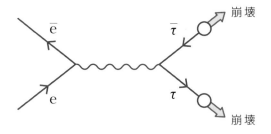

　τは短寿命で崩壊するので、直接の観測は不可能です。それはニュートリノとともにeやμに崩壊します。そこで、eとμが1つずつ観測され、し

かもそれらのエネルギーの和が、最初の電子・陽電子ビームのエネルギーに達しない現象が、τ 生成を示す強い証拠となります。

μ は π 中間子の崩壊によって生じますが、τ は重いので逆に（クォーク対の生成を通して）、π を生成することができます。実際、τ の崩壊のうち 65 パーセントに π が含まれています。クォークに色が 3 つあって、種類が 3 倍になっていることが原因です。ここにも色の効果が表れています。

崩壊の例をあげておきます。

$$\tau \rightarrow e + \bar{\nu}_e + \nu_\tau$$
$$\tau \rightarrow \mu + \bar{\nu}_\mu + \nu_\tau$$
$$\tau \rightarrow d + \bar{u} + \nu_\tau \rightarrow \pi^- + \nu_\tau$$
$$\tau \rightarrow s + \bar{u} + \nu_\tau \rightarrow K^- + \nu_\tau$$

これらをダイアグラムとして示したのが、次の図 12−12 です。

図 12-12 • τ の崩壊

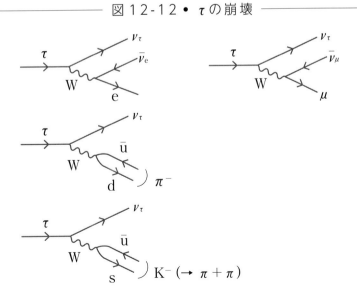

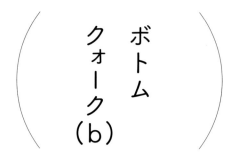

$$\left(\begin{array}{c} \text{ボトム} \\ \text{クォーク} \\ \text{(b)} \end{array} \right)$$

── 第5のクォーク

　レプトンの総数が6種になったので、クォークのほうも、あと2つあるだろうということで、探究が進められました。これだけでは動機が安易だと見られそうですが、クォークは6種あるはずだという理論上の動機もありました。日本発の小林－益川理論ですが、これについては次章で解説します。

　残りの2つのクォーク（第三世代のクォーク）には発見前から名前が付いており、トップとボトム、記号で$\left(\begin{array}{c} t \\ b \end{array} \right)$とされました。$\left(\begin{array}{c} u \\ d \end{array} \right)$を真似たわけです。tをtruth、bをbeautyの略としようという提案もありましたが、広がりませんでした。

　bクォーク関連で最初に発見されたのは、$b\bar{b}$という組合せの複合粒子でした。ϒ（ウプシロン）粒子と命名されました。ψ ($c\bar{c}$) が最初に発見されたcの場合に似ていますが、電子・陽電子線型加速器ではなく、フェルミ研究所の陽子加速器での発見でした（1977年）。質量が9460だったので、線型加速器ではエネルギーが足りなかったのです。仮想光子からϒを生成させたのではなく、陽子の衝突においてグルオンの作用で生成したϒが、仮想光子を経てミューオン・反ミューオン対になったのを検出したのです。9460という質量は核子の10倍、ψの3倍です。

　bとuあるいはdが組み合わさった中間子をB中間子と呼びます。$b\bar{u}$、$b\bar{d}$、$u\bar{b}$、$d\bar{b}$などです（cの場合のD中間子に相当）。質量は5300程度で、ϒの

半分よりやや大きい程度です。そのため Υ は2つのB中間子対には崩壊できず、ψ と同様に寿命の長い粒子になります（ψ とD中間子との関係と同じ）。

B中間子は主に、D中間子を含む状態に崩壊します。たとえば

$$B^0 \rightarrow D^+ + e + \bar{\nu}_e$$

これは、図12-13に示したように、bcWバーテクスによるプロセスです。第一世代のuに変わるプロセス、つまりbuWバーテクスもありえるのですが、その結合は弱いので、bクォークは主にcクォークに変換します。bと同じ世代のtに変わるbtWバーテクスが一番結合が強いのですが、tクォークはbクォークよりもはるかに重いので、bクォークの崩壊には関係しません。

―――――― 図 12-13 • b クォークの崩壊 ――――――

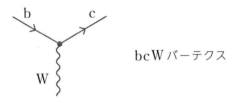

bcW バーテクス

$\bar{B}^0 \rightarrow D^+ + e + \bar{\nu}_e$ のダイアグラム

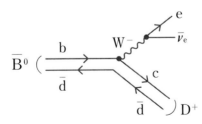

B中間子については日本とも密接に関係した話がまだ続くのですが、それは第14章で触れることにします。

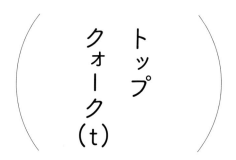

$$\begin{pmatrix} トップ \\ クォーク \\ (t) \end{pmatrix}$$

—— 第 6 のクォーク

tクォークを発見したのは、bクォークと同じフェルミ研究所ですが、使われたのはbクォーク発見後に建設された、陽子と反陽子を衝突させる衝突型加速器でした。陽子、反陽子それぞれを、核子の質量エネルギーの1000倍（約1TeV）まで加速して正面衝突させる、テバトロンと呼ばれる装置です（221ページ）。これにより、1995年にtクォークが発見されましたが、その質量は（これまでのMeV単位で）約170000でした。

トップクォークは、陽子と反陽子の衝突によって$t\bar{t}$対として対生成されます。tそして$\bar{t}$はそれぞれ、Wを放出し、ほとんどが同じ世代のクォークであるbと$\bar{b}$に変換します。

$$t \to b + W^+ \qquad \bar{t} \to \bar{b} + W^-$$

tbWバーテクス、tsWバーテクス、tdWバーテクスの3通りがありますが、同じ世代内の変換であるtbWバーテクスが圧倒的に強いためです。そしてこのようにして生成されたbとWは、これまでの説明通りに崩壊していきます。

第13章

電弱統一理論

　前章では6つの新粒子の発見の話をしましたが、そのうち3つは1970年代の話でした。前々章の量子色力学も70年代に確立した話です。そして70年代にはもう一つの大きな発展がありました。力を媒介する粒子の問題、特にW粒子に関する問題です。

　この話題に入る前に、相互作用について本書でこれまですでに説明したことをまとめておきましょう。どのような問題が残されていたのかを理解するためです。

　知られている相互作用を強さの順番に並べると、強い相互作用、電磁相互作用、そして弱い相互作用です。実はこれら3つの他に、人類が最も古くから知っていた重力相互作用（万有引力）という相互作用があるのですが、これは本章でもまだ、かやの外です。素粒子レベルでは非常に弱い力なので無視しても構わないのですが、自然界に厳然と存在する力であり、最後まで無視して済む問題ではありません。ただ、今のところ、他の力と同じレベル（つまり粒子交換というレベル）で議論できるようにはなっていません。そのあたりの事情については最終章で解説します。とりあえず以下では、重力を除く3つの相互作用を問題にします。

(1) 電磁相互作用：光子を媒介とする力です。19世紀のマクスウェルの電磁波の理論を、光子という粒子像によって再解釈することによって説明されます。再解釈された理論を量子電磁気学、あるいは量子電気力学と呼びます。電荷をもつすべての粒子に働きます。

　この理論は最初は、無限大の計算結果をもたらすという問題があったのですが、朝永たちの**繰込みの手法**によって解決しました（140ページ）。電磁気学は数学的には**ゲージ理論**（細かく言えば**可換ゲージ理論**）と呼ばれる理論であり、朝永たちの議論ではそのことが重要な役割を果たしました。

この理論で出てくる**ゲージ粒子**というものが、光子に相当します（これらの専門用語については数学なしでは説明できませんが、ここでは名前だけ頭に入れておいていただければ十分です）。

(2) 強い相互作用：これは、8種あるグルオンによって媒介される力で、その理論が**量子色力学**でした。理論の形式は、量子電磁気学の形式を複雑化した**非可換ゲージ理論**というものの一種で、SU(3) ゲージ理論と呼ばれます。3はクォークの色3種に対応します。この理論に登場する8種のゲージ粒子がグルオンです。8は 3 × 3−1 という計算から出てきます（複合色のこと）。この相互作用は色をもつ粒子（つまりクォークとグルオン自体）にのみ働きます。

　ゲージ理論であるということから、朝永たちの手法（繰込み理論）がここでも通用することが証明されました。クォークやグルオンが単独では出てこないことを説明できる唯一の理論だと思われています（173ページ参照）。

(3) 弱い相互作用：W粒子（別名ウィークボソン）という、質量をもつ仮想上の粒子を媒介として働くとみなされる相互作用です。すべての粒子に働きます。ニュートリノにも働きます。

　W粒子の理論もゲージ理論「的」な形に書けるのですが、質量があるため厳密にはそうならず、繰込みの手法が適用できません。つまりW粒子の計算可能な理論を構築するという問題は、1970年の時点では解けていませんでした。W粒子自体も発見されていませんでした。存在したとしても非常に重いはずなので、未発見であったことは不思議ではありませんが、未知の粒子の存在に頼る理論を考えるのが不安であったことは間違いないでしょう。

電弱統一理論（ワインバーグ－サラム理論）の誕生

　以上の話から、何が問題だったのかわかっていただけたでしょう。一言で言えば、弱い相互作用の計算可能な理論をどう作るかということです。

　この問題は、幾つかのステップを経て解決します。どのようなステップだったのか、箇条書きにしてみます。聞いたことのない用語が出てきますが、とりあえず、流し読みしてください。

第一段階：　さまざまな自然現象を理解するときに有用な概念である、「**自発的対称性の破れ**」という考え方が提出されました（1960年）。提出者は南部陽一郎という、日本で博士号を取得した後に渡米し、アメリカで活躍していた人です。

第二段階：　この考え方をゲージ理論に適用し、元々は質量のなかったゲージ粒子が、結果として質量をもつように振る舞うようになるメカニズムが発案されました（1964年）。発案者はヒッグス、アングレールなど多くの人を含みますが、簡単に**ヒッグス機構**（ヒッグスメカニズム）と呼ばれることが多いようです。

第三段階：　ヒッグス機構を使った非可換ゲージ理論という枠組で、弱い相互作用と電弱相互作用をまとめて説明する理論が構築されました（1967年）。提案者の名をとって、**ワインバーグ－サラム理論**、あるいは**電弱統一理論**と呼ばれています。

第四段階：　ヒッグス機構を使った非可換ゲージ理論では、ゲージ粒子に

質量が生じるにもかかわらず、繰込みの手法が適用できることが証明されました（1971年）。つまり電弱統一理論が計算可能な理論であることが証明されたということです。トホーフトというオランダの若い物理学者による成果です。

またこの証明の過程で、フェルミオンがクォーク2つ、レプトン2つというセット（世代）になって登場することが重要であることも明らかになりました。

この第四段階をもって、電磁相互作用を含んだ弱い相互作用の理論ができあがったことになります。4つの各段階に貢献したすべての人に、それぞれの業績に対して個別にノーベル賞が授賞されています。

次に、この理論の実験的検証の段階に入ります。

第五段階： この理論では **W粒子** による現象のほかに、新たに **Z粒子** による現象というものが予測されますが、それが実際に観測されました（1973年）。

第六段階： W粒子、そしてZ粒子そのものが実際に発見されました（1983年）。

第七段階： ヒッグス機構では必然的に現れる、ヒッグス粒子という、これまでになかったタイプの粒子が発見されました（2012年）。理論が完成してからも実験的検証の終了まで30年ほどの年月がかかったことになります。

ヒッグス場とヒッグス粒子

　以下では、この7段階の話を簡単に解説します。難しい理屈はできるだけ避けて、直感的なイメージをもてるような話にしたいとは思いますがどうなるでしょうか。

　最初は、自発的対称性の破れという話を、一般論ではなく、実際に素粒子物理学で使われる**ヒッグス場**という概念を使って説明します。前項の7段階のうち、最初の2段階の説明となります。

　場とは何でしょうか。電場とか磁場についてはすでに第4章で説明しましたが、たとえば電場は、電荷があるとその周囲の空間の各点に発生する性質であり、その性質は空間各点での「数」によって表されます。磁場も磁石や電流によって同様に発生する空間の性質です。そして電場も磁場も、単なる数ではなく方向をもつ量（ベクトル）になります。つまり電場や磁場は数学的には**ベクトル場**と呼ばれるものです。

　また電場も磁場も、発生源はなくても自立して存在しうることがわかり、それが電磁波でした。光も電磁波です。光子は20世紀的意味での粒子であり波によって表されますが、それが電磁波だということになります。

　ヒッグス場も同様に、自立して存在する場です。ただしそれはベクトルではなく、単なる数で表されます。単なる数のことを、ベクトルと区別する意味でスカラーと呼びますが、ヒッグス場とは数学的には**スカラー場**ということになります。

　余談ですが、**重力場**という場も20世紀の**一般相対論**によって導入されました。この場はベクトルよりもさらに複雑なテンソル場というものでした。テンソルとは二重のベクトルのようなものですが、いずれにしろ複雑そうだということはわかるでしょう。そのため、重力場を素粒子レベルの理論にするには、数学的に大きな困難が伴います。それについてはまた最終章で触れます。

　話を元に戻します。電場と磁場の値が揺らいで波のような形になったのが、19世紀的意味では電磁波、そして20世紀的意味では光子です。同様に、ヒッグス場の値が0の周りに揺らいだ状態がヒッグス粒子です。ヒッグス場という場がこの世界に存在するかどうかは、ヒッグス粒子という粒子が存在するかどうかで検証されます。

　しかし粒子状態のことを考える前に、そもそも、揺らいでいない状態でのヒッグス場の値（全空間で一定の値）は0なのかということが問題になります。電場だったら、もし全空間で0でない一定の値をもっていたとしたら、電荷をもつ粒子は（電場から電気力を受けて）常に加速され続け、この世界は大変なことになります。つまりそんなことはありません。

　しかしヒッグス場は方向のないスカラー場なので、全空間でその値が0でなくても、粒子は力は受けません。しかし粒子とスカラー場は（バーテクスを通じて）影響は与え合いますから、粒子は空間のどこに存在したとしても一定のエネルギーをもつことになります。そして動いていない状態でのエネルギーとは質量エネルギーのことに他なりませんから、粒子は質量をもつことになります。つまり粒子に質量を与えるメカニズムとして、ヒッグス場に、全空間で一律の0ではない値をもたせるということが考えられます。

　では、ヒッグス場に0ではない値をもたせるメカニズムはあるでしょう

か。ヒッグス場がどのような値をもつかは、ヒッグス場のエネルギー自体がどのように表されるかに依存します。たとえば図13−1(a)を見てください。**横軸がヒッグス場の（全空間で一律の）値、そして縦軸が、それぞれの値のときにヒッグス場がもつエネルギーの一例**です。自然界の真空とはエネルギーが最低の状態のことですから、この場合はヒッグス場の値は0になります（0がグラフの底になっている）。

　次に、もしエネルギーが図13−1の(b)のようになっていたとしましょう。この図でも、(a)と同様にグラフは左右対称になっています（この対称性がなぜ重要かは後で説明します）。左右対称ではありますが、0で最小にはなっていません。エネルギーが最小になるのは点Aか点Bです。自然はそのどちらかを選ぶでしょう。どちらかを選んだ段階で、ヒッグス場の値は0ではなくなり、そして自然界での（ヒッグス場についての）左右対称性はなくなります。これが**自発的対称性の破れ**です。そしてその結果として、質量のなかった粒子に質量が与えられることになります。

図 13-1 • 対称性を破る

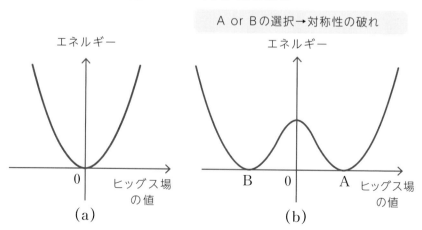

　ただ、この話をゲージ理論と結び付けるには、話を少し複雑にする必要があります。ヒッグス場の値を実数ではなく複素数にするか、実数の値をもつヒッグス場を2つ導入しなければなりません。複素数とは実数を2つ組み合わせた量ですから、どちらでも同じことですが。

　そのようにした場合、図13−1の(a)は図13−2の(a)のようになり、図13−1の(b)は図13−2の (b)のようになります。どちらもグラフは回転対称（原点の周りに回しても形が変わらない）になっていることが重要です。そして(a)の場合は真空でのヒッグス場の値は0（原点）になり、(b)の場合は0ではない、グラフの底の円周上のいずれかの点になります。そして自然がそのどれかの点を選んだ段階で、回転対称性は「自発的に」破れます。図13−2(b)は、メキシカンハット（帽子）、あるいはワインボトルの底の形と呼ばれています。

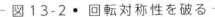

図 13-2 • 回転対称性を破る

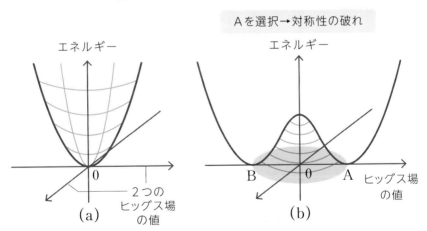

　これをゲージ理論に結び付けたのがヒッグス機構です。ヒッグス場を含

めてもゲージ理論の本質的性質を損なわないためには、何らかの対称性がなければなりません。ただ、それが回転対称性であるのは可換ゲージ理論という最も簡単な理論の場合であり、非可換ゲージ理論の場合には、ヒッグス場もさらに複雑になり、したがってそのエネルギーのグラフもさらに複雑になりますが、これ以上の複雑化はやめておきましょう。

　いずれにしろこのようなメカニズムで、すべての粒子、特に質量が0であったゲージ粒子に質量をもたせるというのがヒッグス機構です。

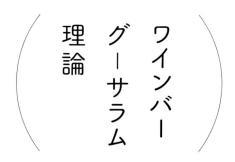

ワインバーグ・サラム理論

　量子色力学も非可換ゲージ理論の一種でしたが、ヒッグス機構は働かず、ゲージ粒子であるグルオンは質量が0のままです。しかし弱い相互作用のW粒子は大きな質量をもたなければならないので、もしゲージ理論で表されるとしたら、この機構が働いているのではと考えるのも自然でしょう。そして実際、このアイデアを具体化した理論が幾つか提案されました。その一つがワインバーグとサラムによるSU(2) × U(1)理論です。他にも可能性があって、理論の構築が盛んに行なわれたのですが、実験的な検証によってこの理論が正しいことが示されました。

　非可換ゲージ理論にはさまざまなタイプのものがあり、量子色力学はそのうちのSU(3)理論というものでした。これらは登場する行列の名称ですが、ここでは各理論を区別する記号として考えてください。

その上で、SU(2) × U(1) 理論をもう一歩、深く理解したいという人のために、ゲージ粒子の数と種類について説明を加えておきましょう。

量子色力学の SU(3) 理論の場合、3 は色の種類 3 つに対応しており、またゲージ粒子（グルオン）の種類は、3 × 3−1＝8 で 8 種でした。同様に、ワインバーグ－サラム理論の SU(2) の 2 は、弱い相互作用で常に、フェルミオンが 2 つずつペアで登場することに対応します。第一世代で言えば (u、d) とか (e、ν_e) といったペアです。そしてゲージ粒子の数は、2 × 2−1＝3 となります。そのうちの 2 つは当然、W 粒子、つまり W$^+$ と W$^-$ でしょう。ではもう一つは何でしょうか。

ここで、電磁相互作用と一緒に考えるという発想が生まれました。ただ、光子 γ をこの 3 番目のゲージ粒子とするわけにはいきませんでした。これだけ質量を 0 にとどめるように理論を組み立てることができなかったからです。複雑な対称性のうち、一部だけは（自発的にも）破れないようにすれば、その分だけ質量 0 のゲージ粒子が出てくるのですが、それがうまく γ になるようにはできなかったのです。

そこでもう一つ、U(1) 理論をもち出し、それから出てくる 1 つだけのゲージ粒子と SU(2) の 3 番目のゲージ粒子の組合せとして、光子 γ に対応する質量 0 の粒子を取り出しました。全体として 2 つあるわけですから、もう一つの組合せとして、質量のある、未知の、電荷をもたないゲージ粒子が登場します。それは Z 粒子と命名されました。

結局、ワインバーグ－サラム理論とは、電磁相互作用と弱い相互作用という 2 つ現象を、SU(2) ゲージ理論と U(1) ゲージ理論という 2 つのゲージ理論の組合せとして説明した理論ということになります。

Z粒子による現象

　理論的に矛盾のない理論ができました。しかしこれまで知られていなかった現象も予言しています。また、ワインバーグ－サラム理論とは形の違う、しかしヒッグス機構を使った理論も提案されていました。どれが正しいのか、実験によって検証しなければなりません。

　最初に検証されたのは、Z粒子によって生じる現象の追及です。次の図13-3に、これまでのW粒子が絡むバーテクス、そして新しいZ粒子が絡むバーテクスを示します。

──────── 図13-3 • W粒子とZ粒子の働き ────────

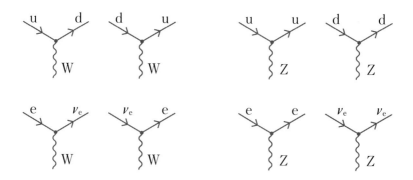

　図では第一世代のフェルミオンが絡むバーテクスだけをあげました。同様のバーテクスが第二世代についても第三世代についてもあります。Wに

関しては、世代をまたがるバーテクスも存在するのですが、それは別に興味深い現象をもたらすので、次章で改めて解説します。Z粒子のバーテクスはフェルミオンを変えません。したがって世代をまたがるバーテクスはありません。

　Z粒子と電子のバーテクスは、光子と電子のバーテクスと同じ形です。ということは、普通の状況ではZの効果は弱いので見えないということになります。質量のない光子に比べて、非常に短距離でしか働かない作用ですから。しかしニュートリノについては新しいタイプなので、これに関係する現象を探せばZの効果が見られるのではと予想されます。

──────── 図 13-4 • Z 粒 子 の 効 果 が 見 ら れ る プ ロ セ ス ────────

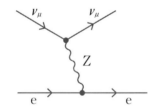

　そして実際に、図13−4のプロセスが起こっていることが発見されました。CERN（ジュネーブ近郊にあるヨーロッパ主要国の共同研究所…220ページ）に置かれたGargamelleと呼ばれる巨大な泡箱に、（陽子加速器で生成された）ニュートリノを照射したのです。泡箱とは加熱状態の液体を詰めた装置で、電荷をもった粒子がそこで生成されて動くと、その軌跡が泡のつながりとして観測されます。ν_μは、陽子ビームを原子核に衝突させて生成させたπあるいはKから生じます（$\pi \rightarrow \mu + \nu_\mu$、K$\rightarrow \mu + \nu_\mu$）。

　図13−4の反応で、ν_μ自体は電荷をもたないので泡箱では観測されません。つまりν_μが入ってきたことも出て行ったことも、目に見える形では

確認できません。しかし突然、電子が動き出す現象が起これば、それは図13-4のようなプロセスが起こったと想定され、Z粒子の効果だと考えるのです。ちなみに ν_μ ではなく ν_e を使うと、図13-5の両方のプロセスがあるので、Zの効果だったとは断言できなくなります。

─────── 図 13-5 • $\nu_e + e \rightarrow \nu_e + e$ の2つのプロセス ───────

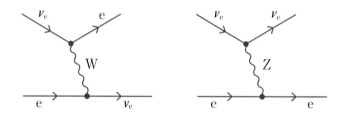

このようにしてZの存在が間接的に確かめられました（発表は1973年）。ワインバーグ−サラム理論の信頼性を一気に高めた実験でした。

W粒子・Z粒子の発見

ワインバーグ−サラム理論の信頼性は増していたので、W粒子やZ粒子の発見は、それに必要なエネルギーをもつ加速器の建設待ちでした。当然、発見されるだろうと思いながらも、固唾をのんで見守っていたという状況です。

それが実現したのは、CERN（220ページ）の陽子陽子衝突型加速器（SPS）でした。1983年に、W粒子、Z粒子と続けて発見されました。そ

れぞれの質量は、これまでの単位（MeV）で表せばWは約80000、Zは約91000でした。ただこのレベルになると、1000倍の単位GeVを使うのが普通なので、Wは約80GeV、Zは約91GeVということになります。また、CERNの別の加速器LEPでWやZの詳しい性質（どのように崩壊するかなど）も調べられ、電弱統一理論の正しさが確認されました。

ヒッグス粒子の発見

　WとZが発見され残ったのはヒッグス粒子（ヒッグス・ボソン）でした。ヒッグス機構に重要なのはヒッグス場の空間全体での値であって、ヒッグス粒子自体ではありません。しかしヒッグス場という場が存在するのならば、その揺らぎとして粒子が出現するのは必然なので、ヒッグス粒子の存在を確認することは、この理論の検証にとって欠かせないテーマとなります。

　ヒッグス粒子の質量は結局、CERNのLHC（陽子陽子衝突型実験）で発見され、その質量は125GeVでした。前にも述べたようにヒッグス場は粒子の質量の発生原因となります。そのため、ヒッグス粒子は質量の大きな粒子と強いバーテクスを作り、したがってヒッグス粒子は質量の大きな粒子に崩壊する傾向をもちます。実際にもその傾向は確認され、またその他の理由もあって、発見された粒子はヒッグス粒子に間違いないということになりました。

PARTICLE COLUMN

世界の主要加速器

　1970年以降、理論的に重要な意味をもつ多くの新粒子が発見されました。多くの装置が貢献しています。しかし必要なエネルギーが高くなるにつれて建設コストも膨大なものになり、その数も限られてきました。前章から次章にかけて紹介するものを中心に、まとめておきましょう。

● SLAC国立加速器研究所（スタンフォード）

　この研究所の電子・陽電子線型加速器が、1970年代にチャームクォーク、τ粒子と次々に新粒子を発見しました。素粒子物理学に新時代を切り開いた加速器です。この頃、核子内のクォークの振る舞い（漸近的自由など）が明らかになったときも、この研究所で行なわれた電子陽子散乱実験が中心的役割を果たしました。また、B中間子での粒子反粒子対称性の破れの観測では、日本のKEKと並んで重要な役割を果たしました（次章）。現在は素粒子物理学というよりも、放射光を使っての物質の研究に軸足が移っているようです。

● 欧州原子核研究機構（略称：CERN（セルン））

　欧州、そして全世界からの資金でさまざまな実験装置を建設し、素粒子物理学の研究を主導してきました。

(1) スーパー陽子シンクロトロン（SPS）：400GeVの陽子を衝突させる加速器。W粒子とZ粒子を発見しました（1983年）。

(2) 大型電子・陽電子衝突型加速器（LEP）：W粒子やZ粒子を生成し、精密測定をして電弱統一理論の正しさを証明しました。陽子よりも電子のビームを使ったほうが、余分な粒子の生成がはるかに少ないので進んだ分析ができます（陽子は複合粒子であり電子は素粒子です）。

しかし軽い粒子である電子を回しながら高エネルギーにするのは大変なことで、ほぼ円形の加速器は山手線一周と同程度の大きさでした。

(3) 大型ハドロン衝突型加速器（LHC）：LEPの跡地に建設。SPSで加速した陽子を導き入れ、4GeVまで加速して正面衝突させます。ヒッグス粒子の発見に結び付きました。現在はエネルギーを7GeVにまで上げた実験が続いています。

(4) 将来計画：加速器の巨大化が進んでいる以上、今後も加速器実験はCERNを中心として進むのは必然でしょう（ただし次ページのILCも参照）。現在の装置をそのままレベルアップする、つまりビームのエネルギーは変えないがビームの強度（粒子数）を上げる計画は数年後には実現するでしょう。

　加速器自体を作りかえるという案もあり、LHCよりもさらに大きな環状トンネルを作れれば理想的で、再度、陽子陽子衝突型にするか、それより前に電子・陽電子衝突型にするかといった案が考えられているようです。もちろん、資金調達が可能かがすべての出発点になるようです。もし実現すれば、ヒッグス粒子のさらなる研究、（242ページで説明する）超対称性粒子の探求、そしてもちろん、まったく未知の現象の発見が目標とされるでしょう。

● フェルミ国立加速器研究所（通称、フェルミ研究所）

　シカゴ近郊にある大型陽子加速器をもつ研究所です。Υ粒子（bクォーク）を発見したのが1977年でしたが、その後、1000GeVのエネルギーをもつ陽子と反陽子を正面衝突させるという加速器になり、1995年にトップクォークを発見しました。1000GeVというのは1TeVなので、この装置はテバトロンと呼ばれます（キロ(k)の1000倍がメガ(M)、その1000倍がギガ(G)、その1000倍がテラ(T)です）。ヒッグス粒子も探したのですが、反陽子を使ったこともあってビームの強度（ビーム中の粒子数）

が足りず、発見できませんでした。2011年に運転を止めています。

米国ではさらにグレードアップしたCERN級の加速器建設の計画もあったのですが、物理学者間でも、そして政治レベルでも激論があって、結局、資金のことがネックになって実現しませんでした。巨大科学では常に起こりうる問題です。下に記したように、日本でも同様な論争が起きています。

フェルミ研では現在、ニュートリノを使った研究計画が進められています。また多くの研究者がCERNのLHCでの実験グループに入り、中心的な役割を果たしています。

高エネルギー加速器研究機構（KEK）

筑波にある日本の加速器実験の拠点。次章で解説します。

国際リニアコライダー（ILC）——未確定の加速器計画

電子・陽電子をTeVレベルにして衝突させる加速器の建設計画。電子を円形加速器で加速するのは難しいので、一直線で加速する計画ですが（線型加速器（LINAC））、30kmレベルの長さが必要とされています。実現すればCERNでの加速器計画を補完する大きな意味をもつと期待されますが、技術的というよりは資金的な問題（1兆円を超える）で、まだ計画も敷地も確定していません。日本の素粒子物理学者たちも手をあげていて有力候補なのですが、国内的にもコンセンサスは得られていないようです。素粒子物理学における日本の輝かしい実績にもかかわらず、ここ30年間の日本の経済的停滞は逃れられない現実です。

第14章

世代間混合／ニュートリノ振動

電弱統一理論へのプラスアルファ

　現在の素粒子の標準理論と呼ばれるものの基本は、強い相互作用については量子色力学、そして電磁相互作用／弱い相互作用については電弱統一理論（ワインバーグ－サラム理論）です。「基本」はこうだという言い方をしたのには理由があります。より正確には、これらに「小林－益川理論」を組み合わせたものが標準理論だと言うべきだからです。

　この理論は、自然界における粒子と反粒子の関係に関する話です。相対性理論をとり入れた量子論から、粒子にはそれに対する反粒子というものが存在することがわかりましたが（102ページ参照）、反粒子側から見ると、自身の反粒子は粒子になります。では、粒子と反粒子は対等なのでしょうか。

　まず、現実の自然界では、粒子と反粒子はまったく対等ではありません。我々の周囲に電子は無数にありますが、反電子（陽電子）はほとんど存在しません。また原子核内には、核子数の3倍だけのクォークが余分に存在します。中間子内には反クォークもありますが、それは中間子内のクォークと同数です。

　一方、量子色力学の法則では粒子と反粒子はまったく同等です。具体的には、クォークと反クォークは法則上は同等であり、グルオン8つも、どれがどれの反粒子であるかを考え出すと面倒ですが、粒子と反粒子の入れ換えに対して法則の形は不変です。また電弱統一理論も、少なくとも自発的対称性の破れを考える前の段階では、粒子と反粒子は対等です。このこ

とを専門用語では<u>CP変換に対して不変、簡単にCP不変、あるいはCP対称である</u>といいます。

　正確にはCだけで（数式の上での）粒子と反粒子の入れ換えを意味しており、それに空間の反転（プラス方向とマイナス方向の入れ換え）を意味するPを付け加えたものがCPですが、CP全体で「実質的な」粒子と反粒子の入れ換えだと考えてください。

　もし自然界の法則が完全にCP不変だったら、粒子と反粒子は対等なので、粒子は必ず反粒子と対になって生成したり消滅したりします。その結果、

全世界の粒子数 ＝ 全世界の粒子の総数 － 全世界の反粒子の総数

という数は変わらない、つまり不変であることになります。

　現在の世界では粒子の数のほうが圧倒的に多いことを考えると、もし自然界の法則がCP不変ならば、宇宙が始まったときに、「なぜか神が？」世界に、ほとんど粒子ばかりを用意したことになります。

　しかし現代の宇宙論は「神による選択」を好みません。宇宙の初期は真空状態であり、宇宙膨張の過程で膨大な数の粒子／反粒子が生成したと考える人が大勢です。そして物理法則の中に<u>CP不変ではない</u>部分があって、そのため、粒子／反粒子対が多量に発生した後に消滅する段階で粒子の一部（10億分の1もあれば十分です）が生き残り、現在の宇宙になったと考える、というのが宇宙論者が好むシナリオです。だとすれば、CP不変ではない法則とは何なのでしょうか。

　小林と益川は、電弱統一理論にクォークの世代が3つ（以上）あれば、自発的対称性の破れの段階で、法則にCP不変ではない部分が生じうることを証明しました（1973年）。4番目のクォークが発見されるよりも1年前のことですが、現在ではクォーク（の香り）は6つ見つかっており、彼らの予

測があたったことになります。これが本章の冒頭で、電弱統一理論の「プラスアルファ」といった内容です。

　これだけの話で満足していただいてもいいのですが、なぜこんなことになるのか、概要を説明しておきましょう。

　まず、世代混合という話から始めます。これ自体はCP対称性と直接の関係はありません。

　W粒子とクォークが作るバーテクスを思い出してください。図14−1に列挙しました。W粒子はクォークの種類（香り）を変えますが、クォークの世代が変わっていないものと変わっているものがあります。そして、変わらないプロセスは、変わるプロセスに比べて、起こる頻度が大きいことがわかっています。たとえばトップクォークはほとんどボトムクォークに崩壊することを前に説明しました。

　世代が変わることもあるという事情は、次のように表現することもできます。図14−1ではuとWが絡むバーテクスは3つあります。それは実は図14−2のように表される1つだけだと考えます。ただしこの図のd′はdではありません。クォークがd′であるという状態は

$$(d′である状態) = (dである状態) + (sである状態) + (bである状態) \quad (14.1)$$

図14-1 • W バーテクスと世代

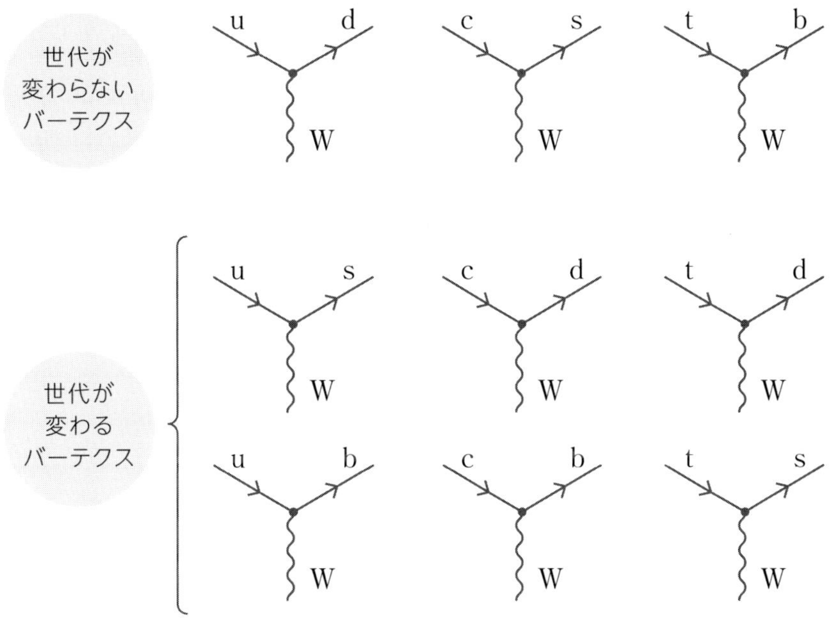

世代が
変わらない
バーテクス

| u | d | c | s | t | b |

世代が
変わる
バーテクス

| u | s | c | d | t | d |

| u | b | c | b | t | s |

というように、3つの状態の**重ね合わせ**であると考えるのです。つまり、ud′W バーテクスは3つのバーテクスの重ね合わせということになります。状態の重ね合わせというのはわかりにくいかもしれませんが、量子力学では普通の考え方です。

図14-2 • 重ね合わせで考える

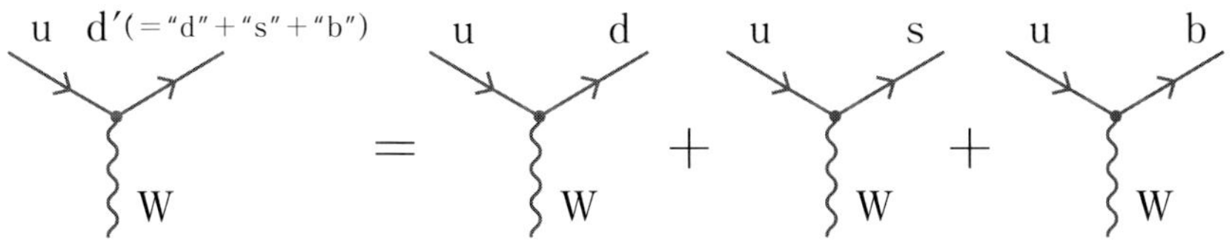

$$u \quad d'(="d"+"s"+"b") \quad = \quad u \quad d \quad + \quad u \quad s \quad + \quad u \quad b$$

　現実のプロセスでは、クォークは最終的には中間子あるいは核子という形になって発見されます。たとえばd′の場合、最終状態が中間子だとすれば、dの成分はπ中間子、sの成分はK中間子、bの成分はB中間子になります。そして我々がどの中間子を観測したかによって、上の式のどの成分を観測したかが決まるのです。3つの成分が同時に観測されるわけではありません。いずれかが観測されるのです。これらは、図14-2に描いた状況を量子力学的に解釈したときの当然の考え方です。

　図14-2ではuに関連したバーテクスだけを示しましたが、同じことはc、そしてtについても考えます。つまりW粒子のバーテクスは、図14-3の3つであると考え、ただしd′、s′そしてb′はそれぞれ、d、s、b 3つの状態の重ね合わせと考えます。

────────── 図14-3 ● Wバーテクスの基本形 ──────────

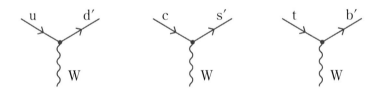

　まとめて説明すれば、W粒子とのバーテクスのレベルではクォークは（d′、s′、b′）の3つで考え、ハドロンになって粒子として観察されるレベルでは（d、s、b）の3つで考えます。これらは個別には一致しておらず、互いに他方の3つの重ね合わせになっています。これを**世代混合**と呼びます。

　前章の電弱統一理論では一般に、（自発的に対称性が破れて）ヒッグス場が値をもつことにより、この混合が起きます。ヒッグス場が各粒子に質量

を与えるメカニズムは同時に、種類が異なる粒子を混ぜ合わせるメカニズムにもなります。つまり電弱統一理論では世代混合は必然です。

図14-4 ● ヒッグス場は世代を混ぜる

以上の話をCP対称性と結び付けるには、式(14.1)をもう少し、正確に書いておかなければなりません。数式はできるだけ避けるのが本書の方針ですが、簡単な式なのでご容赦ください。

式(14.1)は、d′クォークは3つの状態の重ね合わせであるということですが、重ね合わせの数学的な意味は、ある係数を掛けて足し合わせるということです。したがって、式(14.1)を正確に書くと

$$(\text{d}'\text{である状態}) = k_1 \times (\text{d である状態})$$
$$+ k_2 \times (\text{s である状態}) + k_3 \times (\text{b である状態}) \qquad (14.1)'$$

となります。ここで $k_1 \sim k_3$ は係数であり、何らかの数を表しています。d′状態の中では d 状態が主なので、3つの係数のうちでは k_1 の絶対値が最大になります。

　一般に、ヒッグス場による世代混合では、これらの係数は複素数にもなりえます。そしてこれらの係数が「真の意味で複素数」になると、CP 対称性が破れます。つまり粒子と反粒子は完全には対等ではないということです（ここは天下り的に話を進めますが、粒子と反粒子は数式としては「複素共役」という関係にあるという事情によるものです）。

　ここで「真の意味で複素数」という表現を使いましたが、これが重要です。係数は複素数になりえますが、そのあとにかかる「～である状態」という部分も複素数でも構いません。つまりこちらのほうを適切な複素数にすれば、全体を変えずに係数のほうを実数にすることができます。この場合、係数は「真の意味では複素数ではない」とみなします。

　上の式では係数は3つ登場しますが、実際には3つのクォークについて同様の式があるので、係数は合計、9つになります。そして、上記の方法で、それら9つをすべて実数にすることができるかということが問題になります。小林、益川が証明したのは、世代が2だけならば（4つの）係数をすべて実数にすることは可能である、しかし世代が3つになると不可能ということでした。

　かなり簡略した説明でしたが、これが小林－益川理論の本質です。次に、この理論の実験的検証の話に入ります。

CP対称性の破れの検証

　現在の宇宙では粒子数と反粒子数は明らかにアンバランスですが、だからといって自然法則でCP対称性が破れているとは断定はできません。宇宙の始まりから何らかの理由でアンバランスだったと考えればいいからです（少し不自然な考え方ではありますが）。

　しかし現在の自然界でも、ごくわずかですがCP対称性を破る現象があることが1964年に発見されました。それは、194ページで説明したK中間子の振動からです。2つの電気的に中性なK中間子K^0と$\overline{K}{}^0$、クォークでは$d\overline{s}$と$s\overline{d}$は、図12−6のメカニズムによって入れ替わります。そのため、生成したK^0は（$\overline{K}{}^0$も）少し時間が経過すると

$$s\overline{d} + d\overline{s} \qquad (14.2)$$

という重ね合わせ状態になります（理由の説明は省略して話の流れだけを追っています）。K^0 は、

$$K^0 \rightarrow \pi + \pi$$
$$K^0 \rightarrow \pi + \pi + \pi$$

という2つの崩壊がありえるのですが、式 (14.2) という2つの状態の重ね合わせになると、2つの状態の干渉によって $K^0 \rightarrow \pi + \pi$ のほうの崩壊が打ち消し合います。特に、CP対称性が完全に成り立っていたら、打ち消

し合いも完全になって、$K^0 \rightarrow \pi + \pi$ という崩壊はまったく起こらなくなるはずです（このあたりの説明も天下り的で申し訳ありませんが）。しかしクローニンたちは、微小ながらこの崩壊が起きていることを発見しました。CP対称性、つまり粒子と反粒子の対等性は完全には成り立っていないことの、最初の発見でした。

その後、bクォークが発見され、B^0中間子と$\bar{B}^0$中間子でも同様の現象が起こることがわかりました。B^0の場合、その寿命に比べて振動が速く起こるので、同様の干渉効果がはっきりと見られることがわかりました。

その実験にトライしたのが筑波の高エネルギー加速器研究機構（KEK）と、スタンフォードのSLAC国立加速器研究所（220ページ）でした。電子・陽電子の衝突型加速器のエネルギーを、ちょうどB^0・$\bar{B}^0$粒子対が頻繁に生成する値に合わせて実験を行ないました。B中間子を多量に生成させることに特化した加速器なので、Bファクトリーと呼ばれています。特に日本は、CPの破れの理論の発祥地ですから、多くの研究者の力を結集させた努力でした。

さまざまなタイプの実験が行なわれ、KEKとスタンフォードの両方で、小林－益川理論の正しさが検証されました。両氏は2008年に、（自発的対称性の破れの提唱者である）南部陽一郎とともにノーベル賞を受賞しています。KEKでは現在、さらにビームの強度を上げた装置を建設し（スーパーKEKbと呼ばれています）、B中間子を使った精密実験を進めています。ビームのエネルギーはCERNには及びませんがビームの強度を上げて多量のデータを取得し、標準理論の予測からのずれを発見しようとしています。既知の粒子の細かい性質から、未知の法則を見出そうという試みです。

$$\left(\text{レプトンの場合} \right)$$

―― ニュートリノ振動

　ここまではもっぱら、クォークの世代間混合の話をしてきました。レプトンについてはその必要はないのでしょうか。

　実は、もし3種のニュートリノの質量がすべて0だったら（正確に言えばすべて同じだったら）、世代間混合は起こりません。そしてニュートリノの質量は0であるという先入観があり、したがってレプトンの世代間混合はほとんど議論されていませんでした。「先入観」と言いましたが、質量はあっても非常に小さいことははっきりしていたので、非常に小さいが有限であると考えるよりは、完全に0としたほうが自然だし、説明しやすかったのです。電弱統一理論も、ニュートリノの質量は正確に0という前提で作られていました。ただし全世界の人がそれで納得していたわけではなく、たとえば1962年に日本で、坂田昌一、牧二郎、中川昌美によるニュートリノの世代混合について、重要な理論的な仕事が発表されていますが、その当時はあまり注目されていなかったようです。

　しかし2000年前後、**ニュートリノ振動**という、世代間混合の結果である現象が次々と発見され、状況は一変しました。ニュートリノ振動とは、たとえば電子ニュートリノとして生成したはずのニュートリノが、飛んでいる間に（一定の割合が）他のニュートリノに変わってしまう、そしてさらに飛んでいくと元に戻るという現象です。

　まず、この現象がなぜ起こるのか、逆に、ニュートリノの質量がすべて0だったらなぜ起こらないのか、ということから説明しましょう。クォークでの世代混合のメカニズムと似ている部分、そして違う部分があります。

　まず、図14-5のバーテクスに登場するニュートリノは、電子に付随するものという意味で電子ニュートリノ（ν_e）と呼ばれます。これはクォークで言えばuクォークに付随するものなので、図14-2のd'に対応します。Wを含むバーテクスによってuから変換したものはd'であって、dではありません。ν_μもν_τも同様に、μまたはτとバーテクスを作るニュートリノだと定義します（これまでの定義と同じです）。

――――――― 図 14-5 • e から生じるものを ν_e という ―――――――

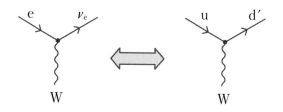

ν_e も d' も W とのバーテクスで定義される

　式（14.1）でd'が（d、s、b）の3つの状態の重ね合わせとして表されたように、ν_eも3つのニュートリノ（ν_1、ν_2、ν_3と書きます）の重ね合わせとして書けるとしましょう。

　　（ν_e である状態）＝（ν_1 である状態）

　　　＋（ν_2 である状態）＋（ν_3 である状態）　　　（14.3）

式(14.1)の場合、実際に観測されるのは右辺の(d、s、b)それぞれが中間子になった状態です。つまり中間子が観測された時点でそれらは区別されます。

しかしニュートリノは物質とほとんど相互作用せずに飛んでいきます。つまり、式(14.3)で表される飛んできたニュートリノが何らかの巨大な設備で観測されるとき、右辺のν_1からν_3はそのまま生き残っています。したがって観測されるのも、上の重ね合わせ状態であり、最初のν_eと変わりません。こう考えればニュートリノは変化していないことになります。

しかし以上の議論は不完全です。もし、右辺のν_1からν_3が異なる質量をもっているとすると、エネルギーが異なるので、（ニュートリノを20世紀的意味での粒子とみなして）各成分を波とみなしたとき、それぞれが波として異なる振動をします（$E=h\nu$という関係を思い出してください。ただしここで振動とは波の振動のことであり、ニュートリノの種類が移り変わるという意味の振動ではありません）。

波として考えれば式(14.1)′の係数$k_1 \sim k_3$は時間とともに振動しますが、振動の仕方が異なれば、3つの成分の重なり方も変化します。つまり、最初はν_eに相当する重なり方だったのが、時間がたつとν_μはν_τに相当する部分も混ざってくることになります。すると、たとえばν_eをとらえようと待ち構えている装置では、ν_μやν_τになっていれば検出されないので、検出頻度は低くなります。

まとめると、バーテクスで決まる（ν_e、ν_μ、ν_τ）のセットと、質量で決まる（ν_1、ν_2、ν_3）のセットが1対1対応しておらず混ざり合っており（世代間混合）、（ν_1、ν_2、ν_3）の質量が互いに異なるとすると、生成したニュートリノ（（ν_e、ν_μ、ν_τ）のいずれか）は飛んでいるうちに他のものに変化したり、また元に戻ったりするということです。これが**ニュートリノ振動**です。

ニュートリノ振動の検出

ニュートリノ振動の兆候はすでに40年以上も前から、太陽からのニュートリノの観測で得られました。144ページで述べたように、太陽では電子ニュートリノが多量に生成しています。しかし地上で観測したところ、予想通りの量が観測されませんでした。

しかしすでに述べたようにニュートリノの質量はすべて0であるという先入観があったので、このデータは必ずしもニュートリノ振動の確実な証拠とは受け取られませんでした。

事情が変わったのは、岐阜県の神岡鉱山跡地に作られたカミオカンデという装置での観測でした。これは地下に作られた巨大な水のタンクです。外部からのニュートリノ以外の粒子は完全に遮断されます。そしてニュートリノがタンク内の水の原子核に衝突して荷電粒子を生成すると、それから出た光がタンクの周囲に張り巡らされた光電子増倍管というもので検出されます。

この装置の初期の第一目標は陽子崩壊の検出というものだったのですが、最初の成果は宇宙で起きた超新星爆発からのニュートリノの検出でした。これにより小柴昌俊がノーベル賞を受賞します。陽子崩壊の重要性自体は変わっておらず、それについては次章で解説します。

ニュートリノ振動に関するカミオカンデでの最初の成果は大気ニュートリノの観測でした。宇宙線が大気の原子核に衝突して生成する π 中間子か

らのニュートリノを大気ニュートリノと呼びますが、ν_μ($\bar{\nu}_\mu$）がν_e($\bar{\nu}_\mu$）の2倍生成するはずです（図14－6）。しかし実際にはν_μはこの半分程度しか観測されませんでした。

──────── 図14-6 • $\pi^\pm$から生成するニュートリノ ────────

$$\pi^+ \longrightarrow \bar{\mu} + \nu_\mu$$
$$\qquad\qquad \llcorner\!\rightarrow \bar{\nu}_\mu + \bar{e} + \nu_e$$

$$\pi^- \longrightarrow \mu + \bar{\nu}_\mu$$
$$\qquad\qquad \llcorner\!\rightarrow \nu_\mu + e + \bar{\nu}_e$$

カミオカンデでの観測は、グレードアップして1996年に稼動したスーパーカミオカンデ（直径、高さとも40mほどのタンクをもつ）に受け継がれました。そこでは地球の表側からのニュートリノと裏側からのニュートリノの量が比較され、裏側からのν_μが明らかに減っていることがわかりました。つまり地球を貫いているうちにν_μが他のニュートリノ（実際にはν_τ）に変わってしまっていたということです。この研究が発表された1998年が、ニュートリノ振動が世界に受け入れられた年となりました。これにより梶田隆章がノーベル賞を受賞しています。

これ以降、さまざまなタイプの実験でニュートリノ振動が調べられています。一つは加速器で生成させたニュートリノを飛ばして観測するもので、日本では筑波のKEKあるいは東海村からのニュートリノをカミオカンデで検出する実験が行なわれており、K2K実験あるいはT2K実験と呼ばれています（アメリカでの実験については222ページを参照）。

　このように、ニュートリノ振動という現象があること、そしてニュートリノに質量があることは今や、明らかです。しかしニュートリノには質量がないという先入観の元に作られたワインバーグ−サラム理論では、ニュートリノには質量は生じません。つまりニュートリノに質量をもたせるメカニズムを考えることは、標準理論を超えて進む道を切り開くことになるはずです。

　さまざまな可能性は考えられているようですが、まだ確定的な理論は登場していないようです。また、クォークの場合と同様に、3世代あるのだからCP対称性の破れがあるはずですが、まだその観測はなされていません。これはスーパーカミオカンデの後継機である（建設中の）ハイパーカミオカンデで観測されることが期待されています。また、ニュートリノの質量自体もまだ、決定されていません（質量差は推定されていますが）。理論面でも、そもそもクォーク、レプトンの両方について、混合の大きさが何で決まっているのか、その理論もまだ確定されておらず、活発な議論が進んでいるというのが現状です。

第15章

今後の展望

いよいよ、本書のまとめに入ることになります。素粒子物理学の現状に
ついての私なりのまとめです。私はすでに現場からは退いているので（物
理から退いているとは思っていませんが）、現場の人から見ると不満足な見
解かもしれません。外から見るとこのように見えるということで勘弁して
ください。

問題は大きく、次のように分けられます。

今後の課題Ⅰ：現在の標準理論とされるものは、今後、どのように発展し
ていくか。そこに含まれている諸問題をどう解決していくか。

今後の課題Ⅱ：これまでまったく無視してきた重力相互作用をどのように
とり入れていくか。

まず、現状での標準理論の諸問題とは何か、具体的に示しながら解説を加
えていきましょう。ニュートリノ質量の起源は何かというのも大問題の一つ
ですが、それはすでに前章で言及したので、それ以外の問題に限定します。

現在の $SU(3) \times SU(2) \times U(1)$ という理論は３つのゲージ理論を組み合わ
せたものです。電弱統一理論と言いながらも、実際は統一したのではなく、
相変わらず２つの理論（$SU(2)$ と $U(1)$）の組合せです。自然界の根本法則
は一つだという物理学者の「先入観」からすれば不十分な状況です。

しかしすべてゲージ理論になったという意味では、枠組の上での統一は

達成されました。したがって、この3つを一体化することも容易になりました。これを**大統一**と呼びます。実際、すでに幾つかの可能性が提案されており、一番有名なのはSU(5)理論と呼ばれるものです。3+2=5だからSU(5)だと考えれば、当らずとも遠からずといったところでしょう。いずれにしろ舞台が大きくなって、3つの理論をすべてとり入れることができます。

電弱統一理論でもそうでしたが、複数のものを一緒にしようとすると、すきまを埋めるために新しい要素を導入することが必要となります。電弱統一理論ではそれはZ粒子でしたが、SU(5)理論ではXとかYとか呼ばれるゲージ粒子が必要となります（この理論では合計、$5 \times 5 - 1 = 24$個のゲージ粒子が現れます）。

これらの粒子の新しい点は、クォークとレプトン、あるいはクォークと反クォークをつなげるバーテクスを作るということです。このようなプロセスがあるとすると、クォークの数が純粋に減ります。たとえば

$$p \rightarrow \pi + e$$

といったプロセスが生じ、陽子が消えていきます。これを**陽子崩壊**と呼びます。こんなことが日常的に起きたら大変なことですが、一生に一度ぐらい、体内の陽子が崩壊したとしてもたいしたことにはならないでしょう。

─────── 図15-1 • 大統一理論での陽子崩壊 ───────

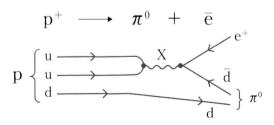

　カミオカンデの装置はもともとは、この陽子崩壊を検出するためのものでした。周囲からの粒子を遮断して、装置内に置かれた多量の水の中で起きるかもしれない陽子崩壊のシグナルを検出しようとしたのです。

　結果はネガティブでした。SU(5)理論が正しいとしたら検出できる程度の大きさをもつ装置を作ったのですが、検出されませんでした。しかし大統一という考えが正しいとしたら、陽子崩壊は避けられない現象です。つまりSU(5)理論よりも陽子崩壊が起きにくい大統一理論を考えなければならないということです。それについては次項で解説します。

超対称性と階層問題

　この話は数学的なことになるので、さらっといきましょう。ただ、非常に重要な問題です。繰込み理論とは、計算で出てきた無限大を有限な量と見直す手法です。原理的にはどのような値にすることもできるのですが、自然な大きさというものがあります。自然な大きさではない小さな値にするには一般には、特別な打ち消し合いが起こることが必要です。

　しかし特殊な事情があると、自然に小さな値にすることができます。それは、元々は質量が0だった場合です。電弱統一理論では元々は粒子の質量は0であり、自発的対称性の破れ（ヒッグス機構）がなければ0は0のままです。破れが起こって0ではなくなっても、元々が0ならば、仮想粒子の効果をとり入れても大きくなってしまう心配はありません。クォークやレ

プトン、そしてWやZが、我々が生成可能なレベルの質量しかもたないのは、そのためだと考えられています。

しかしヒッグス粒子は例外で、元々から質量が0ではないので、なぜWやZと同程度の質量しかもっていないのか、自然な説明ができません。これが（質量の）**階層問題**です。

解決策はすでに提案されています。理論に、**超対称性**という性質を課すのです。「超」などというと大げさですが、すべての素粒子はそれぞれがフェルミオンとボソンがセットになっており（仲間になっており）、理論の式の中でその仲間同士の入れ替えをしても式の形が変わらないというのが、超対称性と呼ばれている性質です。これまで考えられていたさまざまな対称性とは少し趣が違うので「超（super）」という表現が使われたようです。

理論にこの超対称性があると、ヒッグス粒子の質量への影響が、フェルミオンが仮想粒子の場合とボソンが仮想粒子の場合とで自然に打ち消し合うので、人為的な調整によって質量を小さくする必要がなくなります。

しかし、各粒子に、超対称性で結び付く相棒が存在する（フェルミオンに対してはボソン、ボソンに対してはフェルミオンの相棒）必要があり、現実には今のところ、どの粒子に対してもそんな相棒は見つかっていません。

この未知の、仮想上の粒子を**超対称粒子**、あるいは**超対称パートナー**と呼びます。もしこの理論が正しいとしたら、それほど重くない超対称粒子が存在するでしょう。階層問題の解決のためには、超対称性は完全ではなくても、ある程度のレベルで成り立っていなければならないからです（超対称性が完全ならば相棒の質量はまったく同じになります）。これからCERNで大加速器が建設されるとしたら、その第一目標は超対象粒子の発見になるでしょう。

超対称性が興味深いもう一つの点は、観測によって否定されたと説明し

たSU(5)理論が、超対称性をもたせて超対称SU(5)理論にすると否定されなくなるということです。この理論では元の理論に比べ陽子崩壊の頻度が100分の1程度になるので、カミオカンデで陽子崩壊が発見されなかったとしても矛盾ではありません。現在建設中のハイパーカミオカンデは、このレベルでの頻度でも陽子崩壊が観測されるように設計されています。こちらの結果も待たれています。

ダークマター（暗黒物質）と真空のエネルギー

　自然界の物質の根源について、2000年以上も前から探究を進めてきた人類ですが、最近、とんでもないものを見落としていたらしいことがわかってきました。今のところ正体不明なので、とりあえず**ダークマター（暗黒物質）**と呼ばれています。ただ、ダークというよりはむしろ透明なものです。だから今まで見えなかったのですが。

　最初にその存在が示唆されたのは、銀河の周辺に存在する天体の動きからでした。銀河は無数の天体の集団ですが、全体として円盤状の形をして一つの方向に渦巻いています。

　周辺にある天体は、自身よりも内側にある他の天体に引っ張られています。この状況は基本的には、地球が太陽の周りを回っているのと同じです。太陽による重力と、回っていることによる（俗に言う）遠心力がつり合うという状況になっています。遠心力とは回転の速さで決まりますから、速

さがわかれば太陽からの重力もわかるという関係になっています。

　同様に、銀河の周辺でぐるぐる回っている天体でも、その速さと、内側に引っ張られる重力とが関係しているので、速さを測定すれば、それより内側にある全物質の質量が推定できます。

　ところが、そのようにして推定された物質の量が、実際に観測される天体の量よりもずっと多かったのです。つまり何か見えないものが宇宙に充満していることになります。それは人間の天体観測にはかからず、天体のように塊にもなっておらず、宇宙空間に広がっていると思われます。といっても宇宙全体に均一に広がっているのではなく、重力によって引き付け合い、図15－2のように銀河レベルの大きさで分布していると思われています。そして銀河にある天体に重力を及ぼし、その速さを決めているのです。

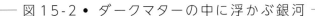

─────── 図 15-2 ● ダークマターの中に浮かぶ銀河 ───────

　この発見以降、ダークマターが存在する証拠がさまざまな所で見つかりました。他の銀河でも同様の現象が見つかりました。また銀河の集団を銀河団と呼びますが、銀河団内での個々の銀河の動きからもダークマターの存在が示唆されました。遠方から来る光が途中にある重力源（天体など）

によって曲げられるという重力レンズと呼ばれる現象がありますが、これからもダークマターという重力源の存在が明らかになりました。

さらに決定的だったのは宇宙全体の膨張です。宇宙空間は膨張しているというのが現代宇宙論の基本ですが、その膨張の速さ、そして速さの変化は、宇宙に存在する物質の量によって影響を受けます。そして宇宙膨張の詳しい観測によって、宇宙には、我々が目に見える普通の物質のほかに、その10倍近い、正体不明の物質（つまりダークマター）があることがわかりました。

現在の宇宙論からの知見によれば、宇宙空間に存在するエネルギーの割合は次の通りです。

　　　通常の物質の質量エネルギー ……………………………3%
　　　正体不明の物質（ダークマター）の質量エネルギー 27%
　　　真空のエネルギー……………………………………………70%

正体不明の何かがあり、それが宇宙に存在する物質の大部分だというのは間違いありません。今、一番有力視されているのは**超対称性粒子**です。これはニュートリノよりもさらに、他の粒子との相互作用が弱いので、これまで人間による検出から逃れていた可能性は十分にあります。質量さえあれば重力は及ぼすので、もし大量に存在すれば天体や宇宙全体の動きに大きな影響を与えるはずです。他にも候補はあるようですが、いずれにしろダークマターの正体である粒子を発見することが現在の素粒子物理学の急務であることには間違いありません。もっとも、そもそも従来の意味での粒子であるという保証はないと警告する人もいますが。

ところで上で見た、**真空のエネルギー**とは何でしょうか。ヒッグス場のエネルギーのグラフを思い出してください（212ページ）。真空とは、その

グラフの一番低い場所だと言いました。図13−1ではそのときのエネルギーが0になるようになっていますが、0ではないかもしれません。グラフ全体が、横軸から少し持ち上がっているかもしれません。だとすれば、それが真空のエネルギーになります。ただし上記の70％という真空のエネルギーは、ヒッグス場によるものではないというのが一般的見解のようです（大きさが合わないので）。しかし、では何かと言われると、まだ何もわかっていないというのが現状です。

重力と超弦理論

　重力について、電磁気力にとってのマクスウェルの理論と同じレベルにあるのが、1916年にアインシュタインが提示した一般相対論です。これは、電場・磁場に対応する重力場という概念を導入したものです。

　これを、20世紀的意味での粒子像で解釈することは、多くの優秀な研究者の努力にもかかわらず、いまだに成功していません。ただし原子核と電子の間の重力など問題にならないほど小さな力なので、実用上は何の問題も起こしていません。大統一理論で発見されるかもしれない、陽子崩壊をもたらす相互作用よりも効果は小さいと思われます。ただ、常に引力であり（電気力のようには）反発力にはならないので、天体といった大きな物体間の問題になると、膨大な数の粒子どうしの力が積み重なって、はっきりと見える大きさの力になります。重力は電気力と同様に、長距離まで働

く力です。

　もちろん、自然界の最も根源の物理法則は何かといった問題になれば、重力を置き去りにするわけにはいきません。あるいは、宇宙の始まりは何かとか、ブラックホールの将来はどうなるかといった、あまり人生とは関係のない問題では、重力の粒子レベルでの理論が必要となります。重力の根本がわかっていないので、我々は宇宙の始まりについて確固としたことは言えません。

　光子に対応する、重力を媒介する粒子は、とりあえず重力子（グラビトン、graviton）と呼ばれています。名前は付いていますが、一般相対論が他の相互作用と同じ意味でのゲージ理論ではないので（内山は一般相対論をゲージ理論とみなす解釈を提案しましたが、拡張した意味でのゲージ理論です）、光子やグルオンの理論を作るのと同じ手法では、重力子の計算可能な理論を作ることはできません。

　量子色力学や電弱統一理論が完成したとき、当然、次は重力だという機運が高まりました。特に、超対称性という発想が出たときに、一般相対論に基づく重力を、超対称化する試みが行なわれました。超重力と呼ばれます。そして超重力には明らかに、従来の重力よりも優れた点があることはわかりましたが、重力問題の解決には至りませんでした。

　この30年ほどの間に最も注目を浴びていたのは、**弦理論**、特に**超弦理論**と呼ばれるものです。弦理論はもともと、多量に発見されたハドロンを説明するために出てきた理論でした。通常の理論では粒子を（20世紀的意味で）点状粒子とみなすのですが、それを、長さをもった弦（ストリング）とみなそうという理論です。弦が振動して生じるさまざまな状態を、多数発見されているハドロンに対応させようというわけです。実際、量子色力学が登場し、クォークどうしは絡み合った多数のグルオンでできたひも状

のものによって結び付けられているというハドロン像が見えてきて、弦理論が的外れな考え方ではなかったことはわかりました。しかし量子色力学というものが登場した以上、ハドロンのために弦理論を追及する意味はなくなりました。

しかし弦理論を、ハドロンではなく素粒子レベルの理論として考えようという、別の研究が始まりました。弦のさまざまな振動状態の中に、光子やグルオンなどの他に、重力子に相当する状態も含まれていることがわかったからです（米谷民明、シェルク、シュヴァルツら、1973年）。また弦理論に超対称性をとり入れて超弦理論（スーパーストリング理論）にすれば、クォークやレプトンなどのフェルミオンも含まれるようになります。

超弦理論は、弦理論に含まれていた幾つかの問題点も解決しました。弦理論を数学的につじつまが合った理論にするためにはさまざまな制限を満たさなければならず、そのことから、可能な超弦理論のタイプが決まってしまうのではという推測もなされました。もしそうならば、自然界の根本の法則が数学的に決まってしまうということで、物理学の最大の目的（の一つ？）が達成されたと言っていいかもしれません。

しかし事情はそれほど簡単ではなく、仮に理論が一つに決まったとしても、実際の世界がどのようになるかは簡単には決まらないことがわかりました。自発的対称性の破れのことを思い出してもらえばいいでしょう。理論の形が決まったとしても、複数の可能な状態の中で実際の真空がどれになるかは選択によって初めて決まるという話でした。超弦理論ではその選択肢が無数にあることがわかり、理論が決まっても現実がどうなるかは、なかなかわからないということが判明しました。

超弦理論の発展の中で、数学上の成果も多かったようです。純粋に数学的分野でも、また物理学の他の問題への応用の分野でも、多くの成果があ

りました。しかし自然界の根本法則の追究という点について言えば、最初にあった大きな期待は達成されていません。もちろん、明日にでも画期的な研究が現れて事情が一変するという可能性も捨て切れませんが。

補章 1

2つの
相対性理論

$$\begin{pmatrix} 特殊 \\ 相対論 \end{pmatrix}$$

　相対論はアインシュタインによって創出された、量子力学と並ぶ、20世紀になって登場した新しい物理学の柱の一つです。特殊相対論（1905年）と一般相対論（1916年）がありますが、まずここでは前者に焦点をあてます。一般相対論は重力に関係する話で、次の項でふれます。

　特殊相対論が考えられた動機は光速度不変性です。たとえば時速100kmで走る電車の中で、進行方向に時速100kmでボールを投げたとしましょう。そのボールを地上から見れば、時速200kmで飛んでいるように見えるでしょう。しかし発せられたのがボールではなく光の場合、電車から見ても地上から見ても秒速30万kmに見えるというのが光速度不変性です。

　アインシュタインは、時間と空間を一体のものとして考えることによって、このことを説明しました。電車に固定された空間は、地上から見ると動いています。その違いのため、電車に固定された時計での時間の進み方と、地上に置かれた時計での時間の進み方が違うというのが特殊相対論です。空間と時間は一体のもので、空間が変われば時間も変わるとういうことが根本です。空間と時間が一体のものなので、距離（長さ）と時間を換算する必要が出てきました。その換算率が秒速30万kmという数であり、cと書きます。1秒を30万kmに換算するということです。

　ここからの議論の流れは省略しますが、結果として、物体のエネルギーや運動量の定義を従来とは変える必要が出てきました。それが第7章の式

(7. 1)〜式(7. 7)です。一番大きな違いは、物体は動いていなくても、質量があればエネルギーをもつということです。$E=mc^2$という質量エネルギーのことですが、これもアインシュタインが発見したことです。他の部分はプランクによります。アインシュタインの特殊相対論を真っ先に評価したのがプランクでした（プランクについては68ページ）。

　質量エネルギーを除けば、速度vが小さいときはこれらの式は従来の公式に一致します。しかし逆にvが大きくなってcに近づくと違いが出てきます。そして特に、vがcになるためには、質量mが0でなければならないこともわかります。逆に、質量0という粒子はありうるが、その粒子は常にcという速さで動いていなければならないということになります。

　光子は質量0の粒子です。そのためcは光速度に一致します。光速度が不変であり、常に秒速30万kmでなければならないということと合致した話です。光速度不変性から始まった特殊相対論は、粒子の問題を通じて光速度不変性に戻ってきたということです。

　本書を読む上では、特殊相対論について、この程度の知識があれば十分でしょう。

一般
相対論

　一般相対論はさまざまな側面をもちますが、ここでは3つの側面に焦点をあててこの理論を紹介します。

　相対論はどちらも時間と空間を一体化したもので、全体を**時空**と呼びます。特殊相対論は平らな時空、一般相対論は曲がった時空を扱うと言われます。物体があるとその周囲の時空が曲がり、そのため、そこを動く別の物体の軌道が曲がるという現象が万有引力だというのが、一般相対論による<u>幾何学的な説明</u>です。万有引力がなぜ離れた物体間に働くのかというニュートン以来の難問に答えを出した理論と言えます。

　一般相対論は、平らな時空に重力場を導入した理論だという言い方もできます。電磁気学は時空に電場・磁場（電磁場）を導入した理論ですが、電磁場に代わるものがここでは**重力場**です。その重力場が波打って伝わる現象が、最近、人類史上初めて発見されて話題になった**重力波**です。

　また、電磁場を粒子的に解釈したものが光子ですが、同じ意味で重力場を粒子的に解釈したものが重力子です。ただ、**重力子**が個々に引き起こす現象はあまりにも微弱なので、今のところ観察は不可能です。電磁場にくらべて重力場は数学的に複雑なので、計算可能な理論はまだ構築されていないという話は248ページでしました。多くの物理学者が超弦理論の研究に精力を注いだのも、この問題を解決しようとしたためですが、まだ成功はしていません。

　一般相対論の第三の側面は、宇宙全体の時空を考えたときの時空の曲がりです。20世紀になって、宇宙空間は膨張しているということが事実として確立しました。宇宙全体が有限ならば膨張というのはわかりやすいでしょうが、宇宙空間が無限でも膨張という現象は考えられます。空間の任意の2点間の距離が時間とともに増していくと考えればいいのです。

　空間自体は曲がっていなくても、膨張しているとすれば、それは数学的には時間軸の方向に曲がっていることになり、一般相対論によって議論できる問題になります。宇宙の膨張と物質の変化の関係は素粒子物理学の点からも興味深い話なので、本書でも補章2で議論することにします。

補章 2

宇宙の物質史

膨張宇宙と
元素合成

　本書ではこれまで、物質を構成する基本粒子は何か、そしてそれらを支配する法則は何かということを説明してきました。20世紀初頭、原子の実体が明らかになり、話は原子核、陽子・中性子、クォークといった方向に進みました。

　我々の体、そして身の周りにある物質を構成する粒子は、炭素、酸素といったさまざまな原子です。しかし原子核自体が複雑な構造をもつものだったので、話は原子段階にとどまらずに先に進んだのですが、原子そのものはいつどこで出現したのか、そもそもそれらは宇宙の最初から存在していたのかといったその由来の問題はスルーしてきました。

　しかし人によっては、このスルーしてきた問題こそ、知りたいことだという人もいるかもしれません。これらは素粒子物理学というよりは、宇宙物理学、そして原子核物理学の範疇に入る話ですが、ここでその概要を話しておきましょう。話を大きく2つに分けます。前半は宇宙の始まりから「ビッグバン」の終わりまで、そして後半は、それ以降の天体形成の話になります。

膨張宇宙論

　宇宙に始まりがあったという話が科学のレベルでなされるようになったのは20世紀になってからです。宇宙空間が膨張しているということが、理論上でも観測上でも明らかになりました。

まず観測上の発端は、ハッブルの法則というものでした（1929年）。宇宙には無数の銀河（星の集団）が存在しますが、それらは互いに遠ざかっており、しかも遠方の銀河ほど速く遠ざかっているという法則です。

これは、銀河がそのように動いているからだという説明もできますが、銀河は止まっているが、空間が膨張しているからだという解釈もできます。たとえばゴムひもに等間隔で印を付けます。そしてそのゴムひもを両側から引っ張って伸ばしていきます（図参照）。印の間の距離が増していきますが、図の印Aから見ると、他の印は遠ざかるように動いているように見えます。それも、遠方に行くほど速く動いているように見えるでしょう。

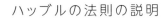

ハッブルの法則の説明

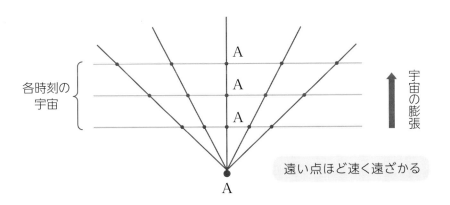

各時刻の
宇宙

A

A

A

A

宇宙の膨張

遠い点ほど速く遠ざかる

この解釈が正しいことは、アインシュタインの一般相対論によっても示されました。一般相対論は時間や空間が変形するという理論ですが、宇宙空間全体として見ると、（一つの可能性として）膨張していくことが示されます。このようにして誕生した20世紀の新しい考え方を**膨張宇宙論**と呼びます。

　現在の宇宙が膨張しているとすれば、逆に過去にさかのぼると収縮です。そしてある段階で空間のすべての位置が一点に集まり、宇宙がつぶれてしまうことになります。もしそれが正しければ、これこそ宇宙の始まりです。実際、一般相対論の計算によればそうなるのですが、宇宙空間がミクロなスケールになるまで一般相対論が正しいとは思われていません。248ページで説明したように、ミクロなスケールでは一般相対論も新しい見方（量子論）で解釈しなおさなければならないのですが、まだそれは成功していないからです。

　したがって、宇宙が本当につぶれてしまうのかはわかりませんが、少なくともその直前までは膨張宇宙論は正しいと思われます。

　次に、膨張する宇宙の中で物質の状態はどのように変わるかを考えてみましょう。（たとえば空気ポンプで）空気を急速に圧縮すると熱くなるように、過去にさかのぼって空間が収縮していくと、物質の状態は高温・高密度になっていきます。その程度が大きくなると、天体がばらばらになるばかりでなく、原子も、そして原子核もばらばらになり、最終的にはクォークも飛び出してきて飛び回る世界になります。そのような世界では、粒子は超高エネルギーで動き、互いに衝突し合うので、W、Z、あるいはその他の重い粒子、さらにはまだ未発見の重い粒子も生成していると思われます。まさに素粒子の世界となります。一般に、宇宙空間で粒子がばらばらになって高速で飛びまわっている時期のことを**ビッグバン**と呼びます。ただ、その中でもどの時期かによって、どのような粒子が飛び回っていたかは、時間とともに、つまり温度の変化とともに変わります。

インフレーションからビッグバンへ

　では宇宙は、このようなビッグバン状態で発生したのでしょうか。確実な答えは出ていませんが、そうではないという意見が一般的です。宇宙のごく初期に、インフレーション時代という、今よりもはるかに急激に空間が膨張した瞬間があったという説が有力です。現在、我々が観測している宇宙が遠方までかなり均質であることを説明するためにはそれが必要であり、また、インフレーションの痕跡が見つかったという主張もあります。もしそうだとすれば、インフレーション時代以前に宇宙空間に粒子が存在していたとしても、あっという間に薄まって、宇宙全体が（ほぼ）真空状態になるでしょう。つまりその後の宇宙は真空から始まったということになります。

　インフレーション時代には物質は（ほぼ）存在しませんが、その代わり、空間は真空のエネルギーというものをもっていました。そもそもそうであることが、インフレーション的急膨張が起こるために必要な条件だからです（一般相対論の要請）。真空のエネルギーについては246ページで少しだけ説明しましたが、粒子や物質とは関係なく空間自体がもっているエネルギーという意味です。

　インフレーション期が終わるときに真空のエネルギーもなくなるのですが、そのとき、そのエネルギーは膨大な数の粒子として空間に登場します。空間が変化するならば真空からでも粒子が生成できるというのも、20世紀

の粒子像の一つの特徴です。

　ただし本書でも何度も説明したように、粒子は反粒子と対になって生成します。つまりインフレーション期が終わったときには宇宙は、膨大な粒子と反粒子が同数充満した、超高温・超高密度の状態となります。これがビッグバン宇宙の始まりです。

　この宇宙では粒子と反粒子が高速で動き回って衝突するので、対生成、対消滅が絶えず繰り返されています。しかしこの宇宙も比較的緩やかに膨張し温度が下がっていくので、重い粒子の対生成は次第に起こらなくなります（衝突する粒子のエネルギーが下がるので）。その結果、宇宙には軽い粒子・反粒子だけが残るようになります。そしてこのプロセスがさらに続けば、宇宙空間は最も軽い粒子である光子だけになってしまうでしょう。天体も、そしてもちろん人間も存在しない世界です。

　そのようにならないためには、どこかで粒子と反粒子のバランスを壊す必要があります。ごくわずかで構わないのですが（たとえば10億分の1程度）、全宇宙の粒子数が反粒子数よりも多くなる必要があります。そうなれば、対消滅が起こっても、過剰な粒子がこの宇宙に残り、その後の天体の形成に向かうことができます。そうなるために、自然法則での粒子・反粒子の同等性、つまりCP対称性を破る必要ありました。それが第14章の一つのテーマでした。ただ、第14章で説明した小林－益川理論だけでは、宇宙の粒子を過剰にするメカニズムとしては不十分であることがわかっています。これについてはまだ研究は進行中という段階です。

素粒子から原子へ

　いずれにしろビッグバン宇宙は、比較的軽い粒子が残った状態になります。軽いクォーク、電子、ニュートリノなどです。クォークは集まって核子（陽子・中性子）になります。単独の中性子は長時間は存在できず、β 崩壊によって陽子に変わるか、陽子と結合して重水素の原子核になります。そしてそれは2つ集まってヘリウム4の原子核になります。それより重い原子核はほとんどできません。これ以上結合しにくいのと、粒子の密度が薄まって衝突しにくくなるからです。この過程が終わるのが、宇宙が始まってから約3分後です。

　さらに宇宙が膨張して冷えると、陽子や原子核は電子と結合して原子になり、水素原子やヘリウム原子になります。この段階でビッグバン時代が終わります。宇宙が始まってから40万年後頃だと思われています。地球や我々の体を作る炭素、酸素その他の原子はまだ、宇宙に登場していません。

天体の形成

　次に起こるのは、原子が重力で集まり天体を形成することです。集まる原子は大部分は水素、そして少数のヘリウム（個数では約12分の1）です。

　ビッグバン時代が終わり宇宙の温度が下がり、原子の動きも弱まってくるので、密度が多少大きな部分を核として周囲の粒子が集まり、天体が形成されていきます。

　これについてもかなりの論争がありました。ビッグバン時代の終わりには原子の密度は非常に均一であった、つまり濃淡が非常に少なかったことが間接的な証拠からわかっていたので、天体が形成されるのに時間がかかり過ぎると思われていたからです。ビッグバン時代が終わってから数億年後には宇宙の最初の天体が形成されていたことはわかっていますが、そのことが説明できないのです。

　この問題は、第15章で説明した、今のところ正体不明なダークマターというものが存在すれば解決すると思われています。ダークマターは、重力以外では他の粒子と無関係に動く（はずな）ので、ビッグバン時代からすでに集団形成を始められるからです。つまり、ダークマターのおそらくは銀河スケールの塊がまずできて、それに周囲の原子が重力によって引き付けられて天体が形成されるというシナリオが、今のところの定説です。これが宇宙に最初に出現した**第一世代の天体**です（ちなみに太陽は第一世代の天体ではありません）。

　主として水素からなる粒子の集団ができ、重力によってどんどん収縮していくと、その中心部には高温高密度の状態が出現します。どの程度に高温高密度になるかはその集団の大きさによって大きく異なりますが、いずれにしろある程度の大きさになると、水素の原子核、つまり陽子どうしの激しい衝突が起き、第9章で説明した核融合反応（陽子pが結合し結局はヘリウム4（ppnn）になる反応）が起こり始めます。

　その後に起こるプロセスは結構、面倒ですが、面白い話なので簡単に説明しましょう。生成したヘリウム4は重いので中心部に集まります。中心部

からは水素が無くなるので水素の核融合は終わります。次にヘリウム4が融合する反応が始まり、さらに重い原子核が合成されていくのですが、原子核が大きくなればなるほど融合はしにくくなります。電荷が大きくなるので電気力によって反発するからです。粒子の集団が重力で十分に収縮して超高温・超高密度になり、反発力に勝るだけの勢いで互いに衝突し合えばいいのですが、そのためにはその天体が十分に大きくなければなりません。したがって、原子核の合成が天体の中でどこまで進むのかは、天体の大きさによって異なります。そのことを踏まえたうえで、天体内部での原子核の合成がどのように進むかを、段階を追って説明します。ちなみに太陽はまだ、下記の第一段階ですが、第一世代の天体の多くはすでに、以下で説明する諸段階を終えています。

第一段階（<u>水素からヘリウムへ</u>…すでに説明したプロセスです）：最初に水素の集団ができてヘリウム4が合成されます。ヘリウム4が中心部に集まり、水素の融合は終わります。

第二段階（<u>ヘリウムから炭素、酸素へ</u>）：ヘリウム4は、陽子2個、中性子2個の、非常に結合の強い安定した粒子なので、これ以上の反応は容易に進みません。これがビッグバン時代の元素合成がヘリウム4で止まってしまった理由でした。2個が結合してベリリウム8という原子核になっても（陽子4個、中性子4個）、すぐに2個のヘリウム4に分解してしまいます。しかしヘリウム4が非常に高密度になり、ヘリウム4が3個ほぼ同時に結合すると、炭素12（陽子6個、中性子6個）という原子核になり、これは安定した原子核です。

　炭素12にさらにヘリウム4が結合すると、酸素16（陽子8個、中性子8個）という原子核ができます。これらは重いので天体の中心部に集まります。つまり天体の中心部には酸素と炭素、その周囲にはヘリウム、そしてその

外に水素という階層構造ができあがります。

第三段階（さらに重い原子核へ）：第二段階で終わりという天体も多いのですが、太陽よりも 10 倍以上大きな天体になるとまだ先があります。中心部にできた炭素と酸素のコアが重力でさらに収縮し、互いに激しく衝突して、さらに重い原子核を作ります。

　このようにして次々と重い原子核ができ、天体は図のような階層構造になります（タマネギ構造とも呼ばれているようです）。

───────── 重い星が進化してできるタマネギ構造 ─────────

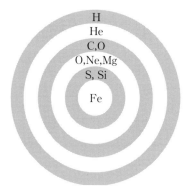

第四段階（超新星爆発）：上の図では中心部が鉄になっています。これまで説明してきたような反応では、鉄以上の重い原子核は合成されません。120 ページでも説明しましたが、核子は核力によって結合していますが電気力では反発し合います。そして距離が離れると電気力のほうが強くなるので、大きな原子核は結合力が弱いからです。結合してもエネルギーは得しないので結合しません。

　中心部に鉄が集まり、重力によってさらに収縮して温度が上がると逆の現象が起こります。鉄の分解が始まるのです。水が高温になると分子がば

らばらになって水蒸気になるのと似た現象です。分解すれば熱を奪うので（燃焼と逆）、鉄のコアは冷えて重力によりさらに収縮し、爆縮という現象を起こします。中心部は爆発的に収縮し、周囲の物質はその衝撃で、外に吹き飛ばされます。これが**超新星爆発**と呼ばれている現象です。「新星」という名が付けられていますが、重い星の最後の姿です。カミオカンデで1987年2月23日に検出されたニュートリノは、我々の銀河のごく近くで起きた、この超新星爆発から来たものです。これによってカミオカンデのリーダーであった小柴昌俊がノーベル賞を受賞しています。

さまざまな天体の一生と元素合成

　最後に、以上の基本的な知識をもとに、一般に天体の一生はどのようなものか、そして我々の身体や周囲の物質を構成する元素はどこから来たのかということを説明しましょう。

　まず、太陽よりも10倍以上大きい場合を考えましょう。原子核の反応は進み、第四段階に到達します。そして超新星爆発により、天体内部で合成されていたさまざまな原子核を宇宙空間にばら撒きます。また、爆発のときに多量の中性子が生成しますが、爆発の進行中にそれらが既存の原子核に吸収され、それまで天体の中では合成されていなかった、鉄よりも重い原子核（金やウランなど）も生成されます。

　天体が形成されてから爆発するまでの時間は、天体の大きさによって大

きく異なります。大きくなるほど高温になるので反応は早く進み、その結果、天体の寿命は短くなります。5000万年といったレベルから、太陽のように100億年以上の寿命をもつものもあります。

次に太陽レベルの大きさの天体を考えましょう。中心部の重力が不十分なので、原子核の合成は上の第二段階で終わりですが、周囲の水素やヘリウムは高温になっており膨張し始めます。太陽の場合、現在の地球の位置程度まで膨張すると思われています（今から50億年以上も未来の話ですが）。この天体は外部から見ると赤色に見えるので**赤色巨星**と呼ばれています。

膨張した水素やヘリウムは宇宙に拡散してしまい、最後には炭素や酸素の、非常にコンパクトなコアが残ります。これが**白色矮星**と呼ばれるものです。

また、水素やヘリウムが膨れる中でも中性子が生成し、重い原子核が生成されると思われています。生成されていた炭素や酸素の一部も含め、それらが宇宙空間にばらまかれます。また、白色矮星の近くに別の天体があると、それからの物質の吸収によって、上記とは異なる超新星爆発が生じ、それからも元素が宇宙空間にばらまかれます。

いずれにしろ、星の進化の過程には、重い原子核の合成、そしてその宇宙空間への放出というメカニズムが働いています。宇宙にばらまかれた元素は、それ以降に始まった天体形成に取り込まれます。

たとえば太陽系で考えると、おそらく近くで起きた超新星爆発の結果として、その残骸を含んだガスによる天体形成から始まったと思われます。宇宙が始まってから100億年程度経過した頃の話です。現在の太陽系の年齢は約45億年、そして現在の宇宙の年齢（ビッグバン以降の時間）は約140億年です。まだ大部分は水素であり、太陽系の元素の大部分も水素です。

しかし地球などの小さな惑星の場合には水素やヘリウムなどの軽い元素は
逃げてしまい、結局は炭素、窒素、珪素、さまざまな金属などの重い元素
が残りました。特に地球の中心部には大きな鉄の塊があることがわかって
います（次の表を参照）。

　太陽はこれから約50億年ほどは水素を燃料にして燃え続けますが、そ
の後赤色巨星の段階に進みます。そして最終的には白色矮星になりますが、
そのとき人類はどうなっているのでしょうか。しかしとりあえずは、数
十億年という天文学的な時間の流れより、数十年、数百年スケールでの人
類文明の変化のほうが気になりますが。

太陽系の元素存在比率

原子番号	元素名	数の比率（炭素を1とする）	原子番号	元素名	数の比率（炭素を1とする）
1	水素	2.8×10^3	20	カルシウム	0.6×10^{-2}
2	ヘリウム	2.7×10^2	⋮	⋮	⋮
3	リチウム	0.6×10^{-5}	24	クロム	0.1×10^{-2}
4	ベリリウム	0.7×10^{-7}	25	マンガン	0.1×10^{-3}
5	ホウ素	0.2×10^{-5}	26	鉄	0.09
6	炭素	1	27	コバルト	0.2×10^{-3}
7	窒素	0.31	28	ニッケル	0.5×10^{-2}
8	酸素	2.4	29	銅	0.5×10^{-4}
9	フッ素	0.8×10^{-4}	30	亜鉛	0.1×10^{-3}
10	ネオン	0.34	⋮	⋮	⋮
11	ナトリウム	0.6×10^{-2}	47	銀	0.5×10^{-7}
12	マグネシウム	0.11	⋮	⋮	⋮
13	アルミニウム	0.8×10^{-2}	78	白金	0.1×10^{-6}
14	ケイ素	0.1	79	金	0.2×10^{-7}
15	リン	0.1×10^{-2}	80	水銀	0.3×10^{-7}
16	硫黄	0.05	⋮	⋮	⋮
17	塩素	0.5×10^{-3}	82	鉛	0.3×10^{-6}
18	アルゴン	0.01	⋮	⋮	⋮
19	カリウム	0.4×10^{-3}	92	ウラン	0.9×10^{-9}

年　表

素粒子物理学以前

16世紀初頭	地動説(太陽中心説)の提唱……コペルニクス
17世紀初頭	ケプラーの三法則(惑星の運動)
1687年	ニュートン『プリンキピア』(古典力学の確立)
1789年	ラボアジェ『化学原論』(33の元素)
1803年	ラボアジェの元素論に基づく原子説……ドルトン
1805年頃	ヤングの実験(光の2スリット実験)
1811年	分子説の提唱……アボガドロ
1864年	電磁場(電磁波)の理論の提唱……マクスウェル
1887年	電磁波の検証……ヘルツ
1896年	電子の発見(陰極線実験)……J.J.トムソン
1900年	量子仮説の提唱……プランク
1905年	ブラウン運動の理論(原子の実在証明)……アインシュタイン
1905年	光量子仮説の提唱(光子の提唱)……アインシュタイン
1905年	特殊相対論の提唱……アインシュタイン
1911年	原子核の発見(α粒子の散乱実験)……ラザフォードたち
1913年	ボーアの量子条件
1916年	一般相対論の提唱……アインシュタイン
1923年	コンプトン散乱の実験(光子の存在確認)……コンプトン、デバイ
1923年	物質波仮説……ド・ブロイ
1925-6年	量子力学の誕生……ハイゼンベルク、シュレーディンガー
1925年	パウリ原理の提唱(フェルミオン)

素粒子物理学(理論)

1930年	ニュートリノの予言(β崩壊より)……パウリ
1934年	中間子論の提唱……湯川秀樹(ノーベル賞、1949年)
1947年	量子電磁力学の繰込み理論 ……朝永振一郎、シュウィンガー(ノーベル賞、1965年)
1953年	ストレンジネスの提唱……中野、西島、ゲルマン

1961年	自発的対称性の破れの提唱 ……南部陽一郎（ノーベル賞、2008年）
1962年	ニュートリノの世代混合に関する研究……牧、中川、坂田
1964年	クォーク模型の提案……ゲルマン、ツヴァイク
1964年	ヒッグス機構の提案……ヒッグス、アングレール
1967年	電弱統一理論（ワインバーグ－サラム理論）の提唱 ……ワインバーグ、サラム、グラショウ
1971年	電弱統一理論の繰込み可能性の証明……トホーフト
1973年	小林－益川理論（6クォーク説） ……小林誠、益川敏英（ノーベル賞、2008年）
1973年	量子色力学　漸近的自由性……グロス、ウィルチェック、ポリツァー

素粒子物理学（実験）

1932年	中性子の発見……チャドウィック
1932年	陽電子（反電子）の発見……アンダーソン
1936年	ミュー粒子の発見(宇宙線実験) ……アンダーソン、ネッダーマイヤー
1947年	K中間子の発見（sクォーク）……ロチェスター、バトラー
1947年	π中間子の発見（宇宙線実験）……パウエル
1956年	ニュートリノ（ν_e）の存在の検証（原子炉） ……ライネス、カワン
1964年	CP対称性の破れの現象の発見（K中間子の崩壊） ……クローニン、フィッチ
1973年	Z粒子を介した現象の発見……CERN
1974年	J/ψ中間子（cクォーク）の発見 ……スタンフォード（SLAC）、ブルックヘブン（BNL）
1975年	τ粒子（第三世代のレプトン）の発見……スタンフォード（SLAC）
1977年	Y中間子（bクォーク）の発見……フェルミ研（FNAL）
1983年	W粒子、Z粒子の発見……CERN
1995年	tクォークの発見……フェルミ研（テバトロン）
1998年	ニュートリノ振動現象の発見 ……スーパーカミオカンデ（梶田隆章　ノーベル賞、2015年）
2012年	ヒッグス粒子の発見……CERN（LHC）

標準理論の粒子と相互作用

ボソン

	名 称	役 割	数
g	グルオン	強い相互作用を媒介	8
γ	光子（フォトン）	電磁相互作用を媒介	1
$W^{(\pm)}$	W粒子	弱い相互作用を媒介	2
Z	Z粒子	弱い相互作用を媒介	1
H	ヒッグス粒子	粒子に質量を与える	1

強い相互作用

q_i　　　q_j

g_{ij}

「i, j」は
3種の色
を表す

「ij」は
iとjの
複合色

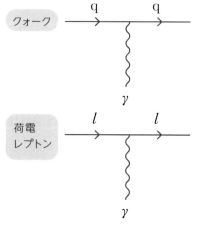

電磁相互作用

クォーク　　　q　　　q

γ

荷電
レプトン　　l　　　l

γ

フェルミオン

	名 称	第1世代	第2世代	第3世代	
クォーク (q)	電荷 2/3	アップ クォーク u	チャーム クォーク c	トップ クォーク t	それぞれ「色」が3種あるすべての相互作用に関与
クォーク (q)	電荷 −1/3	ダウン クォーク d	ストレンジ クォーク s	ボトム クォーク b	それぞれ「色」が3種あるすべての相互作用に関与
レプトン	荷電レプトン (l) 電荷 −1	電子 e	ミュー粒子 μ	タウ粒子 τ	強い相互作用には関与せず
レプトン	中性レプトン 電荷 0	電子 ニュートリノ ν_e	ミュー ニュートリノ ν_μ	タウ ニュートリノ ν_τ	弱い相互作用のみ

弱い相互作用

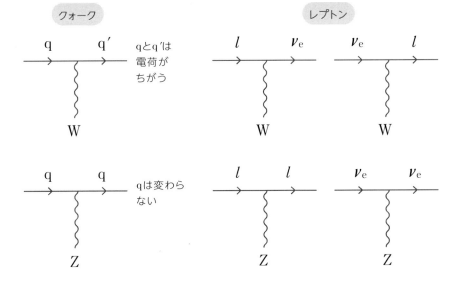

粒子表 粒子名の後の数字は質量（単位はメガ電子ボルト(MeV)）

ボソン ボソンとフェルミオンの区別は96ページ／184ページ

グルオン	0（単独では存在しない）	175/207ページ（量子色力学のゲージ粒子）
光子（フォトン）	0	第5章（アインシュタインの光量子仮説）、171/206ページ（ゲージ粒子）
W粒子	$82×10^3$	135/159ページ（qq'Wバーテクス）、208ページ（電弱統一理論）
Z粒子	$93×10^3$	208/216ページ（電弱統一理論）
ヒッグス粒子	$125×10^3$	210/219ページ（電弱統一理論、ヒッグス場）

レプトン

電子	0.5	36ページ（陰極線）　103ページ（陽電子／反電子）
$μ$粒子	105	125ページ（発見）　188ページ（第二世代）
$τ$粒子	1777	200ページ（発見、第三世代）
ニュートリノ	～ 0（厳密に0ではない）	133/138ページ（仮説・発見）　233ページ（振動）

普通のハドロン （クォークuとdの複合体）　バリオンとメゾン　128ページ

陽子(uud)	938.3	154ページ（クォーク構成）
中性子(udd)	939.6	154ページ（クォーク構成）
核子（陽子と中性子の総称、最も軽いバリオン）		
Δ粒子（次に軽いバリオン）	1232	154ページ（クォーク構成）
π中間子（パイオン）	$140(π^±)$／$135(π^0)$	第8章（湯川理論）、155ページ（クォーク構成）

原子核 陽子と中性子の複合体

（普通の）水素^{1}Hの原子核	陽子1つ		
重陽子D（重水素^{2}Hの原子核）	陽子と中性子1つずつ	1876.0	142ページ（安定性）
三重陽子T（三重水素^{3}Hの原子核）	陽子1つと中性子2つ	131/145ページ（β崩壊）	
ヘリウム3（^{3}He）（の原子核）	陽子2つと中性子1つ	147ページ	
ヘリウム4（^{4}He）（の原子核：普通のヘリウム）	陽子2つと中性子2つ	147ページ	

新しいハドロン (s、c、b、tを含むハドロン、以下の欄でqはuまたはdを指す)

K中間子($s\bar{q}$、$q\bar{s}$)		191ページ（第3のクォーク）
J/ψ($c\bar{c}$)	3100	195ページ（第4のクォーク）
D中間子($c\bar{q}$、$q\bar{c}$)	1865/1869	197ページ
ϒ($b\bar{b}$)	9460	202ページ（第5のクォーク）
B中間子($b\bar{q}$、$q\bar{b}$)	5279	202ページ
tクォーク（ハドロンを形成する前にbに崩壊）	$\sim 170\times 10^3$	204ページ（第6のクォーク）

さくいん

和田 純夫（わだ・すみお）

成蹊大学非常勤講師、元・東京大学大学院総合文化研究科専任講師。理学博士。1949年、千葉県生まれ。東京大学理学部物理学科卒業。専門は理論物理。研究テーマは、素粒子物理学、宇宙論、量子論（多世界解釈）、科学論など。

◉── カバーデザイン　　足立 友幸（パラスタイル）
◉── 本文デザイン・DTP　三枝 未央

物質の究極像をめざして　素粒子論とその歴史

2020 年 9 月 25 日　　初版発行

著者	和田 純夫
発行者	内田 真介
発行・発売	ベレ出版 〒162-0832　東京都新宿区岩戸町12 レベッカビル TEL.03-5225-4790 FAX.03-5225-4795 ホームページ　https://www.beret.co.jp/
印刷	三松堂 株式会社
製本	根本製本 株式会社

ISBN 978-4-86064-629-5 C0042　　　　　　　　　　　編集担当　坂東一郎